映日金莲

中国园林博物馆 张宝鑫 编著

中国建筑工业出版社

编委会

主任：张亚红

副主任：刘耀忠　黄亦工　赖娜娜

编委：白旭　刘明星　谷媛　陈进勇　陶涛　薛津玲

主编：张宝鑫

编者：王歆音　庞森尔　张满　李跃超　王菁煦　王宇　毕然　陈娇

绘图：王剑　郭靖　王禹丹　王菁煦　王宇

前言

中国园林博物馆是以园林为主题的国家级博物馆，旨在展示中国园林悠久的历史、灿烂的文化、辉煌的成就和多元的功能，其中植物文化的展示和传播是博物馆的重要使命。通过广泛搜集、整理和分析历史上不同时期有关金莲花的文献资料，系统研究金莲花的历史与文化内涵，并试图解读其在不同时空和地缘环境下的文化象征意义。为其他植物文化的研究和展示提供参考，同时可为今后举办园林植物大展奠定重要研究基础。

每年春季，美丽的金莲花在中国园林博物馆内应季而开、翠萼金英、菡萏敷彩。引种栽植于博物馆展陈空间内的金莲花，展示了传统园林植物及其文化的特色和内涵，有利于促进传统植物文化及相关知识的普及，而探索传统园林植物文化和文化符号的筛选途径，可以更好地宣传资源保护的理念，弘扬中国优秀传统文化。

园林植物是中国传统造园的重要元素。千百年来，随着植物的引种驯化，园林中所应用的花木品类越来越丰富，文化内涵越来越深厚。正是在园林这一『人化』的自然中，园林植物营造了『生境』，美化了『画境』，优化了『意境』。

中国的园林植物资源丰富，花木文化源远流长。从古典园林的发展初期起，就受到『君子比德』思想等的影响，植物被赋予文化涵义，成为能够体现中国传统园林风格的花木文化，有关植物的诗词和书画比比皆是。

金莲花是一种具有独特文化内涵的植物。虽比不上牡丹的富贵、芍药的娇艳、兰花的清雅、梅花的傲骨，但它承自历史悠久的莲文化，又与佛教文化密切相关。且它在古代园林中引种栽植的过程，恰是古人引种植物探索、赋予植物文化的缩影，反映了古人对大自然和植物的喜爱、欣赏和利用。

目录

第五章　金莲文化

第一章

莲花史话

1 『莲』之解析

莲，俗称为荷花，是我们生活中常见的一种水生观赏植物，亭亭净植，不蔓不枝，出淤泥而不染，为久负盛名的中国传统名花之一（图 1-1）。盛夏时节，清风徐来，莲叶田田，荷香四溢，即便是凡夫俗子，目睹此盛花场景也会感到心旷神怡，爱花之人更是极尽溢美之词。古代文人墨客对于莲的赞美，也不免表露出对这种传统花卉的喜爱之情，这种爱花惜花的传统传承至今。

图 1-1

图 1-2

莲有很高的实用价值和观赏价值，不仅是我们生活中常见的植物，也是中国传统园林中的常客。作为一种文化意蕴悠长的植物，莲得到历代文人雅士的品赏（图 1-2），更多地出现在古人的绘画（图 1-3）、诗词歌赋及古典小说等文学作品之中，很多咏莲荷的作品中都有脍炙人口的名篇佳句。

图 1-1　莲之艺术形象
图 1-2　古人赏莲品莲

在古代文人的笔下，无论是才露尖尖角的小荷，还是碧色接天的莲叶，都是那么富有诗情画意，那么让人心动。但是这些诗文读多了你就会发现，关于我们现在所称的荷花，其实在古代有很多不同的雅称，比如芙蓉、芰荷……看到这儿，您都已经分不清了吧？下面就让我们看看这些优美诗词作品中蕴含的具有诗意的莲的别称吧！

《晓出净慈寺送林子方》

宋　杨万里

毕竟西湖六月中，风光不与四时同。

接天莲叶无穷碧，映日**荷花**别样红。

图 1-3　莲之绘画作品

图 1-4

图 1-5

《采莲曲》

唐　王昌龄

荷叶罗裙一色裁，**芙蓉**向脸两边开。

乱入池中看不见，闻歌始觉有人来。

《摊破浣溪沙》

南唐　李璟

菡萏香销翠叶残，西风愁起绿波间。还与韶光共憔悴，不堪看。

细雨梦回鸡塞远，小楼吹彻玉笙寒。多少泪珠何限恨，倚阑干。

图 1-4　宋人画《太液荷风图》（图片来源：中国台湾地区“故宫博物院”藏）

图 1-5　古人采莲诗意图

《如梦令》

宋　李清照

常记溪亭日暮，沉醉不知归路，兴尽晚回舟，误入**藕花**深处。
争渡，争渡，惊起一滩鸥鹭。

《江神子》

宋　苏轼

凤凰山下雨初晴，水风清，晚霞明。一朵**芙蕖**，开过尚盈盈。
何处飞来双白鹭，如有意，慕娉婷。
忽闻江上弄哀筝，苦含情，遣谁听！烟敛云收，依约是湘灵。
欲待曲终寻问取，人不见，数峰青。

怎么样，这么多美妙的称呼都跟莲有关系，看着是不是有点晕，分不清了呢？那我们就先从“莲”的文字开始分析一下，再慢慢地去理清这些较为复杂的名称吧。

“莲”作为汉字是常见字，经常出现在大家的视野中，也是人名的常用字，相信您身边有很多名字有莲的亲朋好友。

但是“莲”作为文字在历史上出现的时期并不算早，在甲骨文中并没有发现“莲”字，其小篆写作“[illegible]”金文写作“[illegible]”，从这些字的形状看确实像草，这本身体现了它作为草本植物的含义。东汉许慎《说文解字》中解释“莲”字：“形声。从艸，连声。”莲的本义是“芙蕖之实也”，就是专指莲子，种子聚集的花托为莲蓬，也称为莲房，莲房后来也指佛寺中僧人的居室，莲座指佛像的座位，是因为佛座多为莲花形而得名，可见莲与佛教关系密切。此外，“莲”与“廉”谐音，后来人们多将其指代清廉，因此青莲纹经常出现在很多器物纹饰中，又具有清洁廉明之意。

现在我们所称的“荷花”，在古代一般称之为“芙蕖”，其各部位的形态结构具有不同的特点（图1-7），最有意思的是不同部位还有不同的雅称，上文诗词中的各种称呼、别称一般都是指荷花，在欣赏一些古代文学作品时，一定要根据古人对此植物的认识，可不能弄错了。据考证，大约是在春秋时期，人们就将荷花各部分器官分别赋予了专门的名称，我国古代最早的“词典”——《尔雅》中记载：“芙蕖，其茎茄，其叶荷，其本蔤，其华菡，其实莲，其根藕，其中菂，菂中薏”。

图1-6　倚栏赏莲图

菡萏（音hàn dàn），芙蕖（音fú qú）华，

未发为菡萏，已发为芙蓉。

莲，芙蕖实。

荷（藘），芙蕖叶。

蔤，芙蕖本。

藕，芙蕖根，就是荷花的地下茎。

茄，芙蕖茎。

菂，莲子。

薏，莲子的心，即莲子中的青嫩胚芽。

图1-7　莲花的各部分结构示意

我们现在所说的莲花，在古代文人眼里，整体的名字叫作“芙蕖”，它的花在没开时称为菡萏，已经开了的就改称为芙蓉，它的果实称为莲（也叫菂 dì），莲子中的青嫩胚芽叫薏（yì），叶子称为荷，它的根称为蔤（音 mí），根茎称为藕，茎称为茄（音 jiā）（图 1-8）。

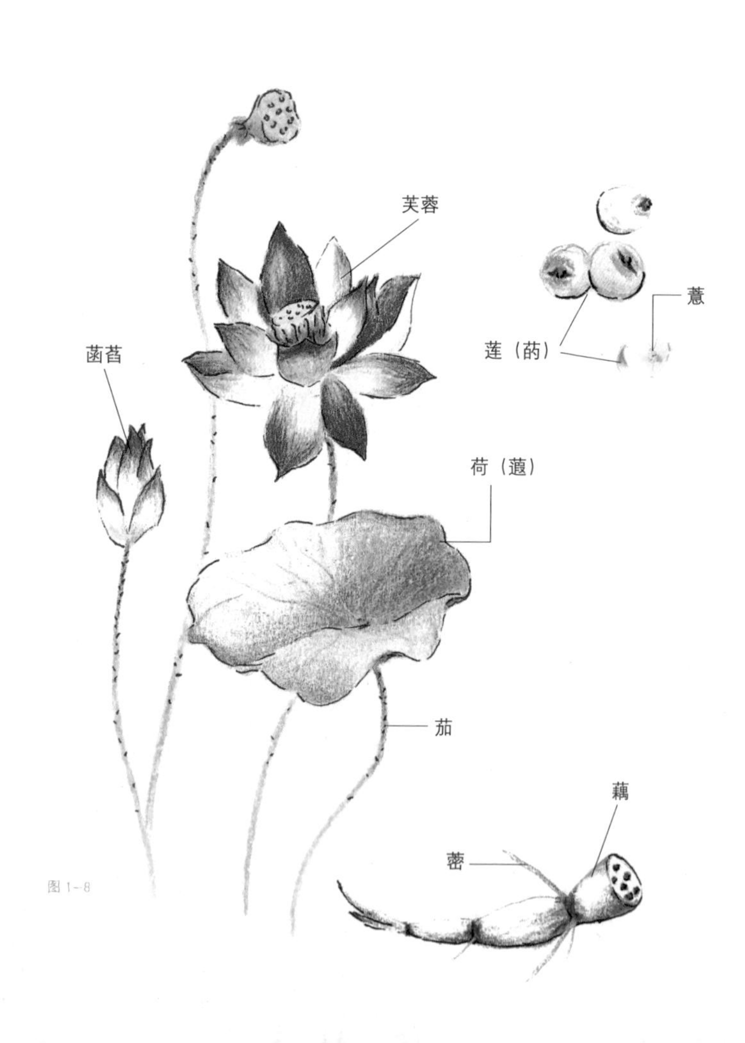

图 1-8

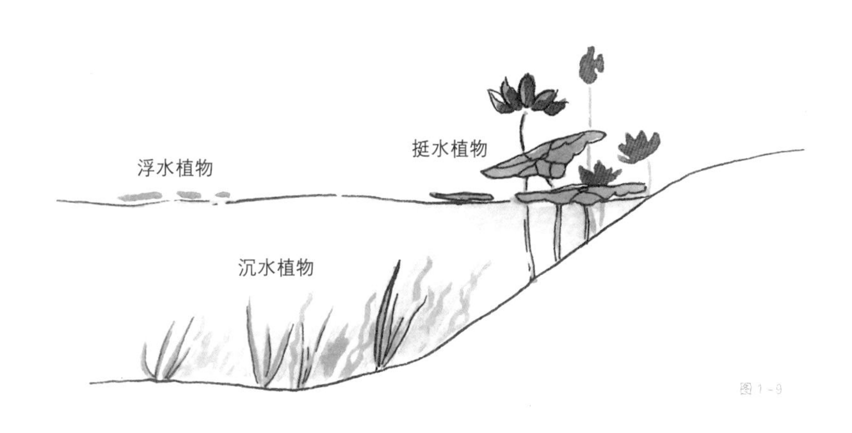

生在水中的植物，按照形态大致可以分为三个类群：茎叶挺出水面的为挺水植物，茎叶摇曳于水中的为沉水植物，还有就是漂浮在水面的浮水植物（图 1-9）。

我们一般所说的莲指荷花，其实还有一种植物睡莲，也是睡莲科的水生植物。睡莲与荷花的区别在于荷花是挺水植物，叶和花都挺出于水面之上，而睡莲是浮水植物，叶子伸展漂浮于水面之上。当然从植物分类学上来说，其他方面的区别还有很多。

图 1-8　莲的结构和对应称呼
图 1-9　水生植物的基本类型

现在我们一般称莲为荷花（*Nelumbo nucifera*），这也是较为口语化的叫法，规范的植物学称呼应该是“莲”，为睡莲科莲属多年生草本花卉，是水生植物中一种典型的挺水植物，也就是说它们的根和根茎是生活在水底下的淤泥之中，而茎和叶则挺出于水面之上（图 1–10）。莲是被子植物中起源最早的植物之一，这有很多植物考古学方面的证据。

图 1–10

图 1-11

人类最早认识莲应该缘于食用其果实（莲子）和根茎（藕）（图 1-11）。随着人类的进化和社会的发展，古人逐渐认识了莲，了解了其生长习性和生存环境，这为莲文化的产生和发展奠定了良好的基础。我国最早的诗歌总集《诗经》中有“山有扶苏，隰[①]（音 xí）有荷华（古代“华”通“花”）”“彼泽之陂[②]（音 bēi），有蒲与荷”之句，可见古人已经认识到，在地上有沼泽水域的地方生长着莲荷等水生植物。

① 低湿的地方
② 池塘

图 1-10　莲花的生长环境
图 1-11　古人采莲掘藕

西周时期，藕已经是古人日常食用的重要蔬菜之一。《逸周书·逸文》中有“冬食菱藕”的记载，其中还有“薮[①]（音sǒu）泽竭，则莲藕掘”的文字记载。说明此时的莲已从野外的湖畔沼泽走进人类聚居场所附近的田间池塘，人们在湖泽枯竭的时候开始挖掘莲藕，将莲藕作为食物。到春秋时期，人们对莲已经有了更为深入的了解，对其植物特性的观察和欣赏也更加细致，这种最初的植物审美观念直接反映在生活物品的形制和纹饰之中。此后，随着文学、书画艺术等的发展，莲被逐渐赋予了更多的文化属性，不断出现在文学诗歌和绘画作品中，并逐渐渗透到宗教、文学和艺术等各个领域，莲不仅是用于农业和渔业生产中的重要植物，更成为居住环境附近的重要观赏植物，采莲、赏莲等成为生活中的重要场景（图1-12）。莲终以艳丽的色彩、幽雅的风姿及其对人们生活的实用性，成为人们生活中不可或缺的重要植物。

① 生长着很多草的湖泽

图1-12　栽植莲用于观赏

莲作为一个特定的物种，很早就出现在地球上，同时它也是我国原产的一种本土植物。在旧石器和新石器时代的考古遗址中，都曾发现过莲的化石和莲子实物。在青海柴达木盆地，曾经发现过距今 1 千万年的莲叶化石。湖南澧[①]（音 lǐ）县八十垱[②]（音 dàng）、湖南临澧胡家屋场、河南郑州大河村、山东日照南屯岭等遗址，也都曾发现过古莲子的遗存。

① 水名

② 意为便于灌溉而在低洼的田地或河中修建的用来存水的小土堤

古莲开花

古人认识到像石头一样的古莲子放到水中能生长且继续开花，于是将这种现象作为异闻记录下来。元末曲阜人孔齐《静斋至正直记》中有一篇《石莲》：“石莲数百年不腐，尝见筑黄花小庄基时，掘地数尺，得石莲数枚，其坚如铁，置浅水中则复生。考其地乃宋嘉泰辛酉所筑，其初是莲花水荡也。”历经几百年的莲子重新发芽，确实让人觉得不可思议；明人谈迁在《北游录记闻》中记载：“赵州宁晋县有石莲子，皆埋土中，不知年代。居民掘土，往往得之数斛（音 hú）者，状如铁石，肉芳香不枯，投水中即生莲”。在生产和生活过程中发现了像铁石一样的莲子，不知道在土中埋了多少年月，投入水中还能继续开花结实，的确令人称奇（图 1-13）。

图 1-13

图 1-14

1951 年辽宁省新金县普兰店出土了千年古莲子，后来经过培育仍然能够正常发芽开花，这直接验证了古人对于古莲开花记载的准确性，也证明古莲子真的是能够继续生长并开花的。古莲子经历了那么久为什么还能发芽开花呢？科学家分析了古莲子发芽的机理（图 1-14），原来，古莲子能保持这样长久的生命力，跟莲子的特殊构造和它们被储存的外部环境都有非常重要的关系。

图 1-13　古莲子的发现
图 1-14　科学家研究古莲子开花

首先从莲子结构上来说，它的外面包裹了一层很厚实的外表皮，这层外表皮是由坚硬的栅栏状细胞构成的，其细胞壁由纤维素组成，可以有效地防止水分和空气的内渗和外泄。而脱水后的古莲子外表皮本身会变得十分坚硬，能够为内部的生物学组织提供足够保护以防止机械损伤（图 1-15）。

莲子外表皮里面包裹着两片子叶，胚体包在子叶里面（图 1-16）。里面的胚体在缺水条件下，呼吸作用几乎停止，基本上呈休眠状态。两片肥厚的子叶是胚体休眠时期供给营养的唯一来源，虽然只有玉米粒大小的两瓣，但对处于休眠状态的胚体来说气体（主要是氧气和二氧化碳）已经足够了。更为巧妙的是，古莲子内部有一个小气室，贮存着约0.2毫克的气体（主要是氧气和二氧化碳），虽然数量不多，但对维持古莲子的生命有着重要意义。此外，古莲子内的含水量大约只有 12%，可以说是维持了一个在休眠状态下保证生命延续的最低含水量。

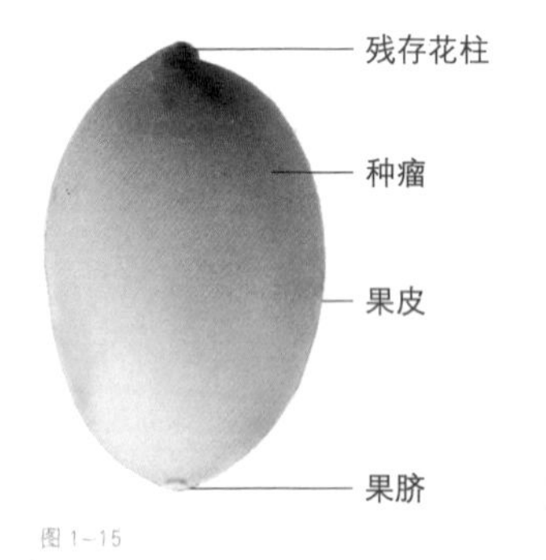

图 1-15

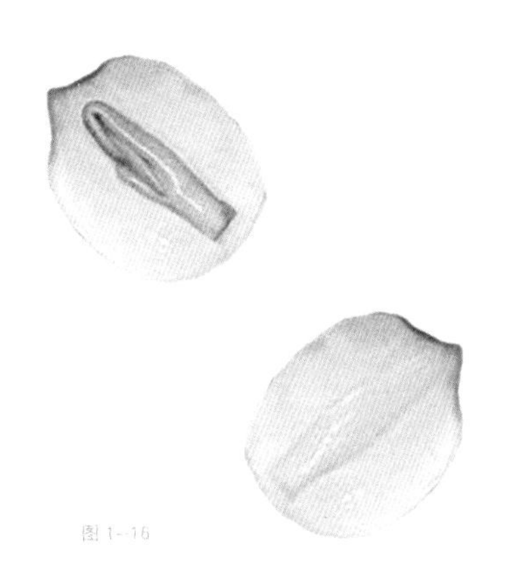

其次，莲子的长寿也与它们所埋藏的环境有关。一般来说，古莲子是被埋在深 30 ~ 60 厘米的泥炭层中，上面有很厚的泥土覆盖。泥炭的吸水防潮性能比较好，其中的温度较低，能够显著降低植物种子的生理代谢速度，使保存于其中的对象近似处于休眠状态；再加上泥炭层的上面又有很厚的泥土覆盖，可以创造出一种干燥、低温、几乎是密闭的环境。正是在这样的独特环境中，古莲子在维持生命的前提下可以将能量消耗和生理代谢降到最低。在这种条件中莲子几乎处于休眠状态而暂时不具有生根发芽的条件，因此得以长久保存其生命力。一旦改变了这种环境，解除了种种限制条件，外界的环境变化会让古莲子重新启动生命流程，发芽乃至开花结实，由此也给我们留下了古莲子千年不朽的神话。

研究古莲子长寿的秘密，有很高的理论价值和实用价值。比如，模拟古莲子外壳的结构来设计粮仓，用以保存粮食、一些特殊植物的种子等，显示出巨大的优越性。

图 1-15　莲子外形图
图 1-16　莲子解剖结构

先人们在认识自然的过程中，对视野中自然物的观察及由此产生的审美意识逐渐加深，动物和植物图案作为美的装饰纹样出现在人们日常所用的器具中。莲花纹就是早期出现的中国传统装饰纹样之一，我们在古代的器物、建筑构件上经常会见到它们的身影。

莲花纹出现的历史较为久远，两汉之前的莲花纹形象并不多见。根据目前的考古发现，莲花真正作为装饰纹样最早应出现在周代，在青铜壶、陶壶的壶盖上面发现有刻画成莲花瓣的装饰样式。1923年河南新郑县李家楼郑公大墓出土的青铜器“莲鹤方壶”（有两件，图1-17为收藏于故宫博物院的一件，另一件收藏于河南博物院），壶盖上装饰着双层展瓣镂雕莲花，莲心中有一只展开翅膀欲飞的仙鹤，莲瓣纹的造型与真实的莲花瓣非常接近。这种以莲瓣作装饰的表现方式，是春秋时期较为典型的一种装饰方法，体现了莲花的优美形象。其后出现各种或简单或复杂的莲花纹饰，在各个历史时期的建筑构件或生活物品中都有体现：主要有瓦当纹饰中的莲花纹，神像座下雕刻的莲花纹，画像砖、画像石上的莲花纹，以及墓葬顶部的莲花纹等（图1-18、图1-19）。

图1-17　春秋青铜器莲鹤方壶（图片来源：故宫博物院官网）

图 1-18

图 1-

图 1-18　明清官式建筑望柱头覆莲瓣造型，级别低于云龙（凤）和海榴

图 1-19　清代皇家园林中的莲花纹饰柱头

两汉时期至魏晋南北朝时期，莲花纹开始大量出现，不仅生活器具中有，在汉墓中也发现了较多的莲花纹存在。佛教自东汉时期传入中国后，莲花与佛教的关系更加密切，莲花纹饰和莲花造型也大量出现在佛教建筑中（图 1–20），在历代其他类型建筑构件中也多有莲花和莲池景观图案（图 1–21、图 1–22、图 1–23）。这一时期石窟雕刻之风日盛，在这些佛教石窟的藻井[①]图案中以莲花为构图中心的现象非常普遍，莲花造型大都以圆轮的形式呈现，造型结构相对简单，形象单纯而鲜明（图 1–24）。其后在生活器具中多有莲花造型，平添了雅致之感，如杯、笔洗、灯具等（图 1–25 ~ 图 1–28）。

① 藻井是佛教洞窟中最高、位于最中央的一部分，即洞窟的窟顶

图 1–20

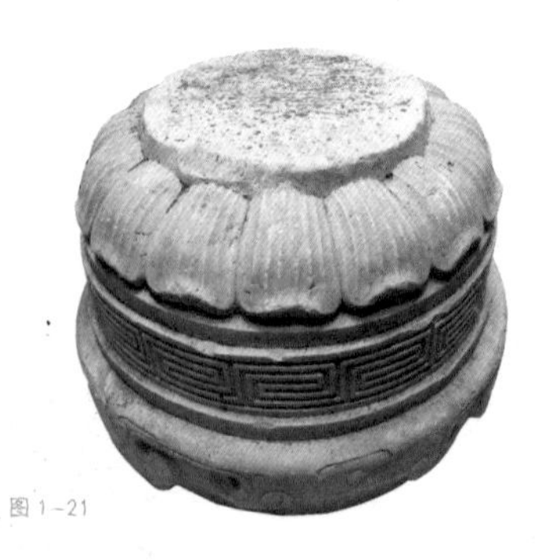

图 1–21

图 1–20　北朝莲花纹瓦当（图片来源：中国园林博物馆藏）
图 1–21　古典园林陈设中的莲花纹饰
图 1–22　清代建筑构件中的莲花纹样（图片来源：中国园林博物馆藏）
图 1–23　清代“一路清廉”缸（图片来源：中国园林博物馆藏）
图 1–24　龙门石窟莲花洞

图 1--24

图 1--22

图 1--23

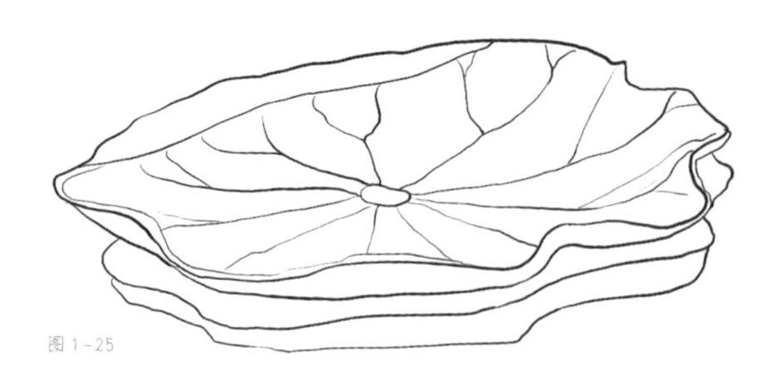
图 1-25

图 1-26

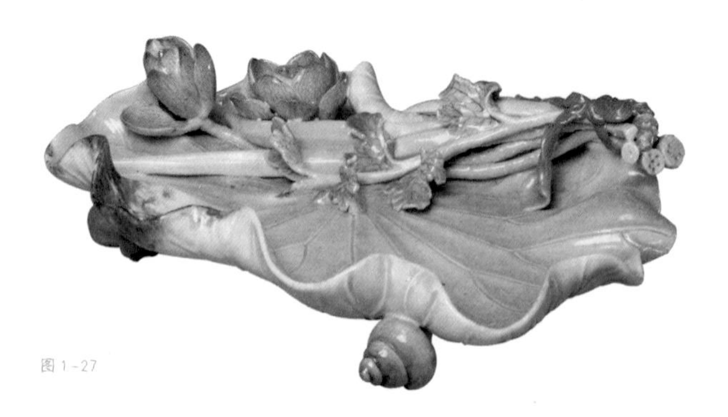
图 1-27

图 1-28

图 1-25　荷叶笔洗
图 1-26　清代粉彩荷花吸杯（图片来源：湖北省博物馆藏）
图 1-27　粉彩雕镶荷叶香橼盘（图片来源：故宫博物院）
图 1-28　古画中的莲花灯（图片来源：中国台湾地区“故宫博物院”藏）

莲花与传入中国的佛教关系密切后，佛教的流传和世俗化也影响到我国本土宗教对莲花的喜好（图 1-29）。道教里就有一种莲花冠，又名玉清莲花冠，是道门三冠之一，其外形是一朵盛开的莲花，故名“莲花冠”，这种莲花冠在唐代就已经流行（图 1-30、图 1-31）。根据《旧五代史》记载，前蜀后主王衍，在游青城山上清宫时，“宫人皆衣道服，顶金莲花冠”。这种莲花道冠多以美玉来制，以黄金为饰，外形优美，色泽华丽，向来为修道之人所崇尚（图 1-32）。

图 1-29

图 1-29　须弥石座

图 1-30　道教中的莲花冠样式

图 1-31　道教莲花冠（图片来源：仿自撷芳主人《Q 版大明衣冠图志》）

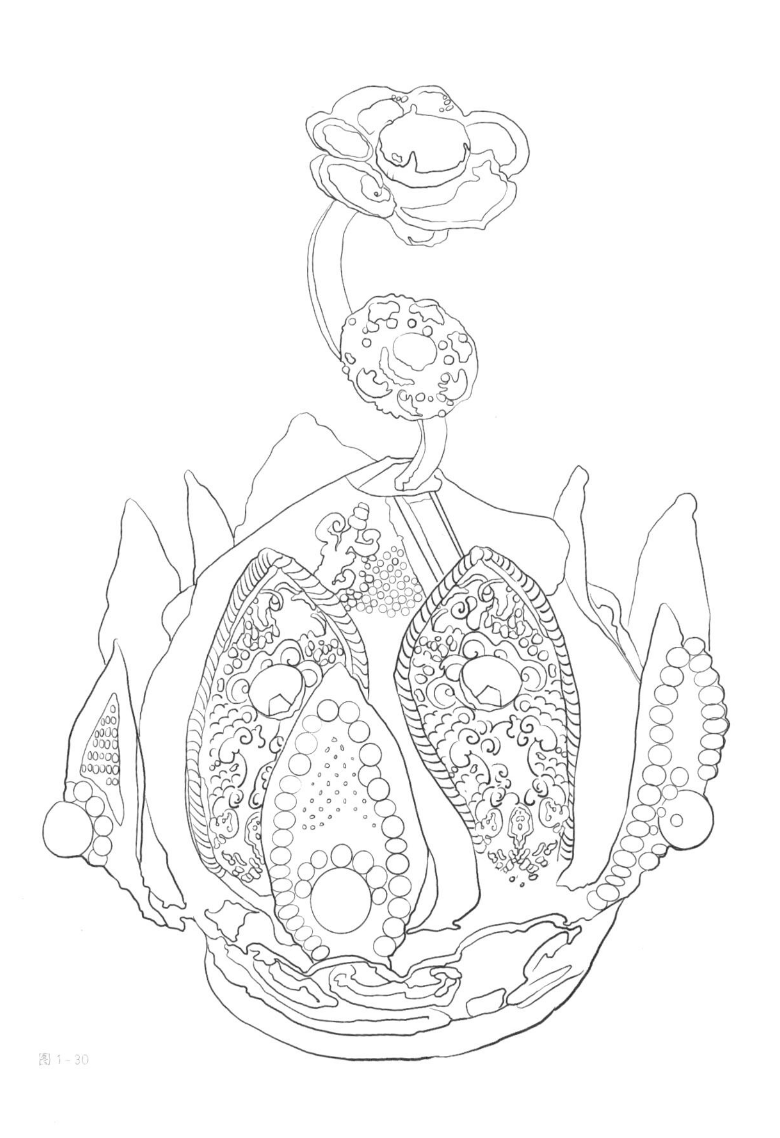

图 1-30

图 1--31

图1-32　明代唐寅绘《王蜀宫妓图》（局部）前蜀宫中带金莲花冠的宫人

莲之诗画

莲以娇美大方的姿态和清新脱俗的气质，被历代文人雅士不断吟咏赞叹和歌颂，我国最早的诗歌总集《诗经》中就有大量关于莲的诗篇。

战国时期的诗人屈原可谓是描绘莲之文化的第一人，《离骚》中有“制芰[①]（音jì）荷以为衣兮，集芙蓉以为裳”的句子。以莲荷之叶做成的衣来象征芳洁的隐者之服，这就为莲赋予了浓浓的人文情怀（图1–33）。

① 菱角的古称

图1–33

图 1-34

三国时期文学家曹植《公宴诗》中有“秋兰被长坂，朱华冒绿池”之句。“朱华”在此处就是指莲花，红色的莲花星星点点地在池水上探出头来，美丽的花卉与碧绿的水体相互交融（图 1-34）。

图 1-33　屈原与莲荷意象
图 1-34　池中莲花

随着莲花文化的深入，出现了专门以莲花为主题的辞赋，南朝梁江淹《莲花赋》：“若其华实各名，根叶异辞，既号芙渠，亦曰泽芝。”唐代王勃也曾做过《采莲赋》：“黛叶青跗，烟周五湖。红葩绛藒（音，huā），电烁千里。”美人采莲的意象多在诗词中体现（图 1-35）。

图 1-35　莲花与美人

宋代杨万里《小池》中“小荷才露尖尖角，早有蜻蜓立上头。”这里的“尖尖角”不应指未开的莲花，而是指初出水的荷叶。因为这才符合诗中的意境，整首诗描写了初夏时节泉池中小荷初开的生动景色（图 1–36）。

无论是“江南可采莲，莲叶何田田”中的活泼生机，还是“接天莲叶无穷碧，映日荷花别样红”的绮丽宏阔，都让世人对莲花的认识更深了一层。尤其是宋代理学大儒周敦颐的《爱莲说》，更是将莲花的精神内容和文化内涵提升到新的高度，“出淤泥而不染，濯清涟而不妖”的莲花由此成为“君子之花”，为历代帝王、贵族和文人墨客所推崇。

在古代书画、壁画、画像砖、石刻等所留存的图像学方面，也能看到很多关于莲花的形象。东汉时期的“收获渔猎图”画像砖中有莲花的形象，是目前发现较早的描绘莲花图案的平面形象（图 1–37）。

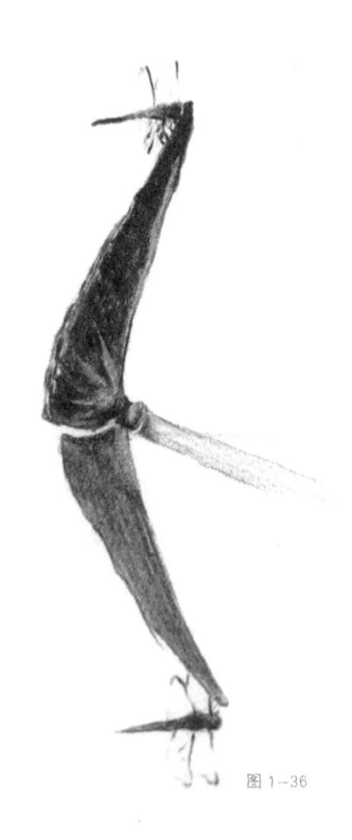

图 1–36

图 1-37

图 1-36　小荷才露尖尖角
图 1-37　汉代画像砖收获渔猎图（图片来源：国家博物馆藏网站）

在东晋顾恺之《洛神赋图》中也有莲花形象（图 1–38），画中洛神的容颜“灼若芙蕖出渌波”（出自曹植《洛神赋》）。

图 1–38　东晋顾恺之《洛神赋图》（局部）中的莲花形象
（图片来源：故宫博物院藏）

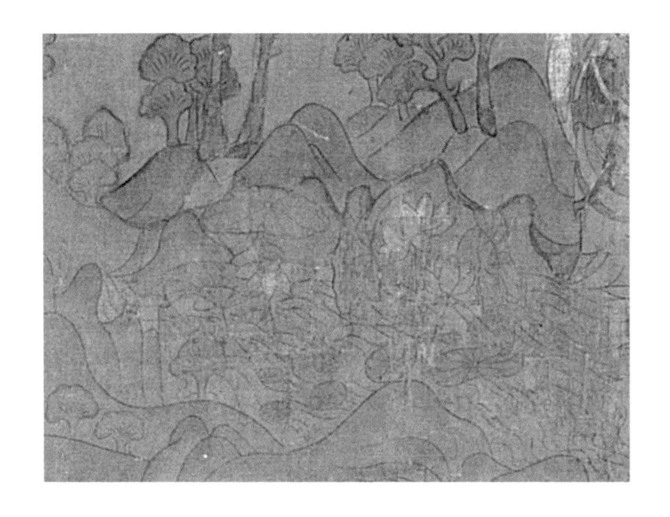

唐代还出现了莲为主题的绘画作品，此后历代都有很多关于莲的名画传世，莲由此成为中国传统花鸟画中一种不可或缺的文化植物，在水墨丹青中不断丰富着其文化内涵（图 1–39）。

此外，人们的生活用品中也逐渐形成了以莲为主要内容的装饰，产生了“满池娇”等主题的图案形式（图 1–40、图 1–41）。

总之，古人很早就认识了“莲”这种植物，并因其可食用、可观赏，对其关注也相对较多，莲的概念由此深入人心。后来，人们在莲之后认识的一些酷似莲花的植物，名字里也被赋予了这个“莲”字，所以我们今天会看到很多名字里含有“莲”的植物，它们或多或少地会与莲这种植物有一定的相关性，但其中大多并不是与莲为同一科属的植物。这主要是因为，随着莲的概念和文化影响在逐渐深化，润物细无声的莲文化、莲意识在漫长的岁月里，已经悄然融入国民根深蒂固的文化秉性之中。

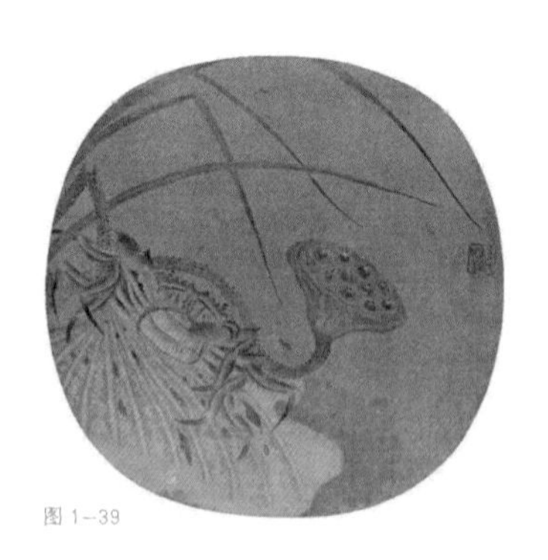

图 1–39

图 1–40

图 1-41

图 1-39　五代　黄居寀晚荷郭索图（图片来源：故宫博物院藏）
图 1-40　青花瓷器皿中常见的"满池娇"图案
图 1-41　"满池娇"图案的建筑构件（图片来源：中国园林博物馆藏）

莲（荷花）的颜色以红白两色为主，在我国并没有黄颜色的花，而有一种叫美洲黄莲的花是黄色的花，以美国为分布中心。但是“金莲花”的称呼在我国历史记载中却数见不鲜。那么这些所谓的“金莲花”到底是指什么呢？其实，通过相关的历史考证研究可以看出，我国早期历史记载中的“金莲花”多指金色的莲花，是自然界中并不存在的花色，而并不是专指作为物种种类的金莲花。

东汉时期，随着佛教传入中国，莲花与佛教逐渐建立起某种更为亲密的联系。随着佛教的世俗化，更使得莲花装饰形象大量出现在人们的居住和生活环境中，这无疑更加促进了莲花纹饰的广泛应用。由于文学传播和宗教思想的影响，在中国传统吉祥图案中，莲花逐渐占有了非常重要的地位。

金色莲花作为人们意象中一种理想的装饰形象，更是具有与众不同的寓意。在中国古人眼中，五行之中黄色（金色）居于中央，“金”在日常生活中往往用来形容宝贵、美好的事物，诸如金玉、黄金屋、金銮殿之类，由此莲花也是以金莲为尊贵，有很多留存的文物具有金色莲花造型（图 1–42）。古代很多的皇家御用仪仗和器具上都镌刻有金莲花瓣的造型，皇宫中的宫灯和蜡烛又称作金莲炬、金莲烛，皇帝御用的帷帐被称为金莲帐，传统佳节放的河灯也常被称为金莲灯。

图 1-42　唐代鸳鸯莲瓣纹金碗（图片来源：陕西历史博物馆藏）

历史文献中关于“金莲花”的相关文字记载有不少，据《南齐书·东昏侯纪》涪陵王（萧宝卷）记载：“凿金莲花以贴地，令潘妃行其上，曰：‘此步步生莲华’”，后来引出了“步步生莲”的典故。

后赵皇帝石虎是出了名的残暴奢侈，据《邺中记》记载，他的御床极为豪华，有三丈见方，四角安装着纯金的龙，头衔五色流苏，帐顶上安有金莲花，花中悬着金箔，这里的金莲花应是黄金的莲花装饰，看上去确实是富丽堂皇。南北朝时期文学家鲍照《代陈思王京洛篇》中有“绣桷（音 jué）金莲花，桂柱玉盘龙”之句，描绘出宫室中彩绘的椽子，上面有金色莲花，真的是富丽而华美。

唐代人笔下的“金莲”，大多并非指具象的某种植物，如“晚庭摧玉树，寒帐委金莲”（杨炯《和崔司空伤姬人》）中是指金莲帐；“千光欲发，金莲捧足”（唐王维《绣如意轮像赞》）则是指观音菩萨脚下所踏莲花座；“谁言琼树朝朝见，不及金莲步步来”（唐李商隐《南朝》），则指金莲足，即“三寸金莲”。这些早期文字记载说明了人们对金色莲花的向往，但是令人遗憾的是，这时期人们并没有在自然界中发现金色的莲花。

唐以前的文献中，"金莲"还有用来美称荇菜等水生植物。作为具象植物名称的"金莲"记载始见于唐代，据《西湖游览志》记载：唐穆宗长庆年间（821～824年），四川有个和尚云游至杭州灵隐山巢沟坞，建韬光庵，自号为韬光禅师。当时白居易正好在杭州刺史任内，共同的爱好使两人结成了诗友，经常有诗词唱和的互动（图1-43）。韬光禅师曾赠诗《谢白乐天招》："山僧野性好林泉，每向岩阿倚石眠。不解栽松陪玉勒，惟能引水种金莲。"诗中提到了引水栽植"金莲"，寺内应建有金莲池。但从此时期相关的其他文献记载来看，此处的"金莲"应是指代了一种现实中的水生植物，但并不是我们现在所称为金莲花的这种陆地生长的植物。

图1-43　韬光禅师与白居易赏"金莲"

随着人们对植物认识程度的加深，金莲花作为一种具体的植物被更多人提起，但这些文献中的记载是不是我们现在所认知的金莲花还是值得商榷的。如五代时期胡峤在《陷虏记》中记载了契丹人统治区域有两种异花，其中一种写作"旱金""旱金，大如掌，金色灿人"，从形状描述来看，很像我们现在所见到的金莲花，而不是称为"旱金莲"的这种植物[①]。北宋周师厚《洛阳花木记》中也有关于金莲花的记载："金莲花出嵩山顶"，这应是"金莲花"之名作为具象植物的最早文字记述，但遗憾的是对金莲花并没有进行形态描述，是不是我们今天所说的金莲花，因相关证据不完整也不好确定其植物种类，因此还是存疑的。此后的历史文献中也有记载嵩山有金莲花的，如明《嵩阳石刻记》载有嵩山法王寺金莲诗："方池不盈咫，洞澈足清浅。采采金莲花，盈盈玉簪展。"目前尚无法判断究竟这里金莲花指的是哪一种水里生长的植物，但肯定不是陆地所生长的金莲花（图 1-44）。

① 旱金莲是外来引入的植物，此时期还没有引入中国栽植

图 1-44　野外的金莲花

在辽金时期或某个更早的时期，人们在野外发现了一种植物，开黄色的花，花的形状非常像他们所经常见到的莲花，所以给它取名为“金莲花”。由于它是在陆地上生长，而不是在水里，故又称其为旱莲，它有美丽的花朵和造型别致的果实（图 1-45）。由此，“金莲花”便成为这种特定植物的专有名称，金莲花的名称便相对固定下来了，虽然还是会有很多名称古代人会弄混，如清代吴其浚《植物名实图考》中就将现代称为旱金莲的植物误认为是金莲花。

图 1–45　金莲花的花与果实

目前一般认为最早记载金莲花的文献是在辽代，辽代文物中也有金色莲花造型的（图 1–46），但从形象上来看也是莲而并不是金莲花。根据《辽史·营卫志》记载：“道宗每岁先幸黑山，拜圣宗兴宗陵，赏金莲，乃幸子河避暑。”而这一地区是有金莲花自然分布的，可信度相对较高。辽代皇帝每年夏天去拜陵时，似乎是能够欣赏到金莲花的，并且看到的应是自然界中天然生长的金莲花，它们作为重要的观赏对象出现在历史记载中。但从同一段史料后文的记载来看，“黑山在清州北十三里，上有池，池中有金莲”。此处的金莲可能并不是我们现在认为的金莲花，“池中有金莲”说明其生长环境仍然是在水中，水中金色的莲花目前尚不能确定到底是哪种植物。

据《金史·地理志》记载，金大定八年（1168 年），世宗皇帝游幸至西京路大同府桓州“曷里浒东川”，取“莲者连也，取其金枝玉叶相连之义”，将此地改为“金莲川”，这里也成为金代皇帝及其后元代皇帝的避暑胜地。金世宗皇帝在十二年、十四年、十五年、十六年、十八年、二十年、二十二年、二十七年曾多次赴金莲川。但是在这里活动时，并没有明确提到作为植物种类的金莲花，而从目前金莲花的自然分布看，这一区域可能确实存在这种美丽的野生花卉。清朝初年顾祖禹《读史方舆纪要》记载：“金莲川，即金世宗纳凉之地，产黄花，状若芙蓉而小，故以名”，这里关于金莲花的记载应该是我们现在所说的金莲花，但其产自金莲川的记载是不是因袭古代文献就不得而知了。

图 1-46　银鎏金莲花纹捍腰（图片来源：凌源市博物馆藏）

元朝建上都于金莲川附近，金莲川为元世祖忽必烈潜邸所在地，该地为金代的夏都，元代耶律铸《龙和宫赋》："布金莲于宝池，散琼华于蓬丘"，句下注曰："金莲川即山北避暑宫，琼岛即山南避暑宫"，金莲还是池中物。金莲川所在的区域成为元代的上都之后，金莲花作为上都名花，被人们欣赏的记载有很多，元代翰林学士危素《赠潘子华序》："开平昔在绝塞之外，其动植之物若金莲、紫菊、地椒、白翎爵、阿监之属，皆居庸（关）以南所未尝有。"其中就提到南方所见不到的金莲花，是为陆地所产。元代诗人也非常喜欢吟咏金莲花，如乃贤《塞上》诗："乌桓城下雨初晴，紫菊金莲漫地生"；袁桷《上京杂咏》诗："墨菊清秋色，金莲细雨香"；朱有燉《元宫词百章笺注》："金莲处处有花开，斜插云鬟笑满腮。辕轼向南遵旧典，地椒香里属车回。"从这些吟咏可以看出应接近于现代所说的金莲花了。至于金莲花形状的描述，元代诗人周伯琦在《扈从集前序》中说："（上京）草多异花五色，有名金莲花者，绝似荷花而黄"，算是比较准确地说出了金莲花的形态。朱有燉《元宫词百章笺注》中引用《口北三厅志风俗物产花之属》条："金莲花，生独石口外，纵瓣似莲，较制钱稍大，作黄金色，味极涩，佐茗饮之，可疗火疾。"应该是我们现在所说的金莲花，且已经开发出了其药用价值。

但元代在其他地区也有关于“金莲花”的记载，据《无锡县志》记载：“金莲花池者，池中有金莲花，蔓生如荇，开花黄色似莲，蕊半开而不实，朵小如水仙，甚香，旧称千叶云。后有女子入池澡浴，花遂省为五瓣。传说者有僧不知来自何方，携植于此。是花天下凡有三种：其一在华山方池中，其一在庐山池内，其一在此池。皆是僧手植。”又云：“及金莲花，世亦罕有。《图经》虽称出石香葇（音 róu）然，亦不见采录。”从对植物形态的描述可以看出，无锡地区的这种水中“金莲花”并不是我们现在所说的金莲花。

明代关于金莲花的文献记载较少，明代旅行家徐霞客在其《游嵩山日记》记载：“西越岭，趋草莽中，五里，得法皇寺。寺有金莲花，为特产，他处所无。”可以看出，嵩山也有金莲花，但并不是很明确是否确指。明代王达诗云：“花开万朵出金莲，玉涧朱栏互相绕。僧言此花天下无，宛如明灯灿蓬壶。”这里的金莲花应也是指现在的金莲花。

清代是金莲花记载较多的时期，不仅有康熙皇帝亲自引种栽植金莲花于御苑之中，留下了大量的诗词歌赋，还有乾隆皇帝和宫廷画师等人丹青描绘金莲花的形象，使这种美丽的花卉更多地为人所知。据清代《万寿盛典初集》记载："万寿之年，乃于元日金莲花盛开，碧叶黄英，敷荣吐艳，伴瑞荚于彤墀，杂灵芝于青琐，盖是花秉中正之德，平时于夏孟始开，而兹则发于岁朝，抑又奇矣若夫"，这里的金莲花好像被赋予了灵性一般，应时而开。清代《四库全书》《总目八十一》记载："至于中国所无，而产于遐方，前代所无，而出于今日，如金莲花、夜亮木之类……"这可以看出金莲花作为一个与众不同的名字，成为植物文化交流的重要符号，虽然此处所指未必就是现代所称的金莲花。

在塞外自然繁衍的金莲花是这一区域原产的植物种类，当然文献中也有从其他地区引种的历史记载，而大部分金莲花引种栽植记录是产于山西五台山，这里也是历史上金莲花的重要产地之一。据《清一统志》记载：“（五台山）南台高三十里，顶周二里，金莲、月菊、佛钵花灿发如锦”，明末清初诗人吴伟业《清凉山赞佛》云：“台上明月池，千叶金莲开，花花相映发，叶叶同根栽。”清代汪灏（音 hào）《广群芳谱》中详细地记载了金莲花的形态属性：“（金莲花）出山西五台山，塞外尤多，花色金黄，七瓣两层，花心亦黄色，碎蕊，平正有尖，小长狭，黄瓣环绕其心，一茎数朵，若莲而小。六月盛开，一望遍地，金色烂然，至秋花干不落，结子如粟米而黑，其叶绿色，瘦尖而长，五尖或七尖。”从对叶子、花朵和果实的描述可以看出，这与我们现在所见的金莲花描述非常接近。而金莲花在专门植物谱录中出现，说明这种美丽的植物已经在人们心目中有了一定的位置，虽然还是会有很多人混淆相关的几种植物，因此有必要从根本上对金莲花与其他植物的差异和联系进行分析。

因此，从对金莲花这种植物的认识过程来看，积淀于深厚的中国传统植物文化中，由莲而到金色莲花，由金色莲花而到特定的植物种类金莲花，这一历程在一定程度上反映了人类对自然环境的不断认识和对理想境界的不懈追求。

第二章

金莲辨异

中国是世界上观赏植物资源丰富的植物王国之一，以观赏植物资源的丰富和对世界观赏植物的贡献，被誉为“世界园林之母”。在丰富多彩的植物种类中，名字中带有“莲”的植物有很多，这些植物分属于不同的科属，但是都有相似的性状或文化内涵（表 2-1），除了这些你还知道哪些名字带有莲的植物呢？在这些常见的植物中，与金莲花相似容易混淆的几种常见植物则有旱金莲等，其他也有一些称为金莲花的植物，但他们并不与金莲花为相同或相近的科属，有的甚至也并不与荷花同处于一个科属。

表 2-1 部分名字带"莲"的常见观赏植物

序号	植物名称	拉丁学名	科属	简要介绍
1	莲	*Nelumbo nucifera*	睡莲科莲属	水生
2	睡莲	*Nymphaea tetragona*	睡莲科睡莲属	水生
3	铁线莲	*Clematis florida* Thunb.	毛茛科铁线莲属	非水生，藤本
4	马蹄莲	*Zantedeschia aethiopica*	天南星科马蹄莲属	非水生
5	观音莲	*Sempervivum tectorum*	景天科长生草属	非水生
6	莲花掌	*Aeonium tabuliforme*	景天科莲花掌属	非水生
7	观音莲座蕨	*Angiopteris fokiensis*	莲座蕨科莲座蕨属	株形似莲
8	半边莲	*Lobelia chinensis* Lour.	桔梗科半边莲属	非水生
9	半支莲	*Scutellaria barbata* D.Don	马齿苋科马齿苋属	大花马齿苋
10	金莲花	*Trollius chinensis* Bunge	毛茛科金莲花属	非水生
11	地涌金莲	*Musella lasiocarpa*	芭蕉科地涌金莲属	非水生
12	银莲花	*Anemone cathayensis* Kitag.	毛茛科银莲花属	花形似莲
13	旱金莲	*Tropaeolu mmajus* L.	旱金莲科旱金莲属	易与金莲花混淆

1 金莲花

金莲花［*Trollius chinensis* Bunge］并非是与莲同科属的植物，而是毛茛科金莲花属的多年生直立草本植物，又称“旱地莲”“金芙蓉”“金梅草”“金疙瘩”等。而从现代植物学意义上来说，现在所称的“金莲花”是这一种植物的特定称呼。

金莲花是野生花卉（图 2-1），植株高度一般为 50～70 厘米，也有株形紧密低矮、枝叶密生的变种矮金莲花。叶片较为光滑，全株无细毛，茎不分枝，叶为掌状分裂，下部的基生叶有 1～4 片，具有较长的叶柄，上部的茎生叶则几乎没有叶柄。单朵花生长在茎的顶部（图 2-2），或 2～3 朵呈聚伞花序，整朵花是非常显眼的金黄色（图 2-3）。金莲花是天然重瓣的野生花卉，是一种非常美丽的野生花卉，像花瓣的部分实际上是它的花萼，真实的花瓣为丝状。在自然环境中金莲花 6～7 月份开花，8～9 月份结果。金莲花的果实为蓇葖果①（音 gū tū），每一个果实中有很多粒种子，位于每个小格中，种子很小，黑色，近倒卵圆形，像一些黑色的小米（图 2-4）。

① 果实的一种类型，如芍药、八角茴香的果实

金莲花生长在陆地上，并不能在水中生长。在水中生长的所谓“金莲花”，其实是其他植物。金莲花是典型的北方植物，适合生长的环境条件是冷凉湿润的环境，它们多分布于海拔 1000 ~ 2200 米的山地草坡或疏林下。

金莲花科的种类较多，金莲花属植物共 25 种，分布于温带及寒温带高山区域，我国有 10 余种。除了金莲花之外，还有阿尔泰金莲花［*Trollius altaicus* L.］、川陕金莲花［*Trollius buddae* Schipcz.］、矮金莲花［*Trollius farreri* Stapf］、云南金莲花［*Trollius yunnanensis*（Franch.）Ulbr.］等种类。其中药用金莲花有宽瓣金莲花［*Trollius asiaticus* L.］、短瓣金莲花［*Trollius ledebouri* Reichb.］以及长瓣金莲花［*Trolliusm acropetalus* Fr. Schmidt］等。

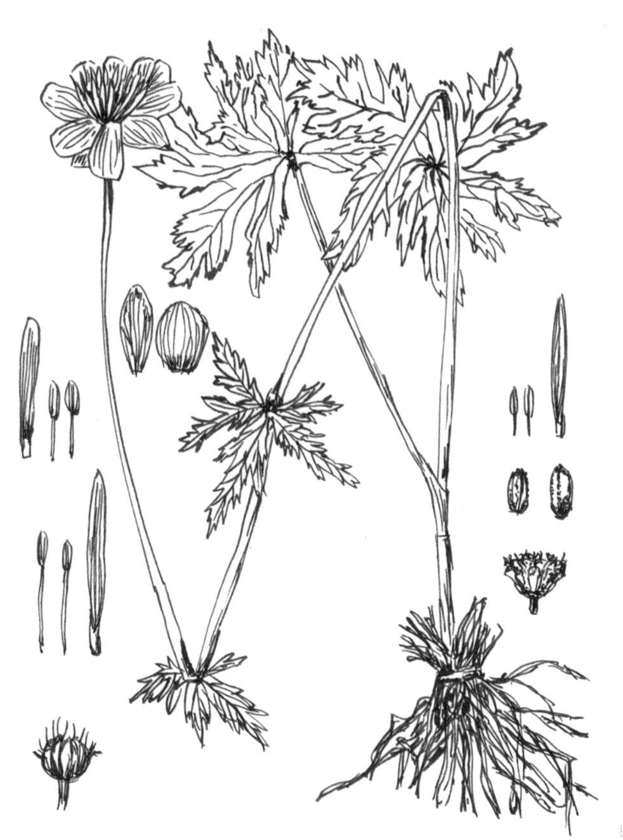

图 2--1

图 2--1　金莲花植株形态示意
图 2-2　金莲花花枝
图 2-3　金莲花花朵
图 2-4　金莲花的果实与种子

图 2-3

图 2-2

图 2-4

2 旱金莲

旱金莲［*Tropaeolum majus* L.］是旱金莲科旱金莲属的多年生植物。因叶片似荷叶，花色有金黄色和橙黄色，旱生于陆地而得名，有旱荷、寒荷、旱莲花、金钱莲、寒金莲、大红雀等别名（图 2–5）。

旱金莲的植株不高，有 30 ~ 70 厘米，叶片有长柄，近似圆形，从形状上看就是“迷你型”荷叶。叶片上有 9 条明显的主脉，由叶柄着生处向四周放射。旱金莲的叶子不但形状像荷叶，叶片表面也与真正的荷叶神似，晶莹的小水珠可以在叶片上滚来滚去。旱金莲的花单朵从叶腋中着生，花色较为丰富，有金黄色、鲜红色、橘红色或红黄杂色等多种颜色，整朵花由 5 个花瓣构成一个类似酒杯的形状（图 2–6）。有 5 个萼片，花开时会有清香。绿色的果实呈扁球形，成熟时颜色会变为浅褐色，并分裂成 3 个具一粒种子的瘦果。

旱金莲喜欢温暖湿润、阳光充足的环境，在富含有机质且排水良好的沙质土壤中生长良好。在环境条件适宜的情况下，全年均可开花。此外，旱金莲具有半蔓生的特性，蔓茎缠绕，叶形如莲，花开时如群蝶飞舞（图 2–7）。栽植时可设小的立架支撑，把蔓生的茎绑扎在设计好的支架上，经过一段时间生长，可形成花繁叶茂、错落有致的造型。值得注意的是，旱金莲是一种具有较强顶端优势的植物，若要使其生长旺盛，在小苗时需要掐去顶芽使其萌发侧枝。

图 2–5　旱金莲花朵

图 2-6

图 2-6　旱金莲花枝
图 2-7　旱金莲植株形态示意

最容易与金莲花混淆的植物就是旱金莲，古代的时候就让一些人混淆了。清代吴其濬《植物名实图考》记载有“金莲花”，其特征是“蔓生，绿茎脆嫩，叶圆如荷，大如荇叶，开五瓣红花，长须茸茸，花足有短柄，横翘如鸟尾”。从文字中描绘的这种形态来看，这五瓣的红花，花足的短柄，明显就是旱金莲，而并不是我们所说的金莲花。旱金莲叶片很像小几号的荷叶，但是花的形状并不太像；颜色也不是金莲花那种纯正的黄色，常见的花色是以偏一点橘色为主。旱金莲在我国属于外来物种，原产南美洲，根据相关考证，引入我国的时间最迟应在清代道光二十八年（1848 年）。

图 2-7

3 莲（荷花）

莲［*Nelumbo nucifera*］为睡莲科莲属多年生水生草本植物，古代就有很多的称呼或雅称，如芙蕖、水芝、水华等，人们习惯上称其种子为“莲子”，称其地下茎为“藕”，其花托为“莲蓬”，其叶片则为“荷叶”。

图 2-9

图 2-8

莲的根状茎肥厚，在水底泥土中横生，就是我们日常所食用的藕（图 2-8）。藕的节间膨大，节部收缩，中间有多数纵行的通气孔道（切菜的时候可以很明显地看出来），节部具有须状不定根。绿色的叶片大而圆，表面上有白粉，较为明显的叶脉从中央射出，叶背面中央长着长长的叶柄，中空，外面散生小刺。莲夏天抽茎开花，花有单、复瓣之别，古代认为莲以并蒂者为贵。花梗和叶柄等长或稍长，表面也散生小刺。莲花大而且美，香远益清，莲的花瓣有红白二色，可谓是“红莲韵绝白莲清”（宋代杨万里《瓶中红白莲》）。莲花中雄蕊通常有很多，白须黄药，花托称为莲房，就是我们所常说的莲蓬（图 2-9），其中的果实为莲子，是一种小坚果，椭圆形或卵形，果皮坚硬，熟了以后是黑褐色。莲的花期 6 ~ 8 月，果期 8 ~ 10 月。

图 2-8　莲花植株形态示意
图 2-9　莲花与莲蓬

莲产于我国南北各省，各地广泛种植，自生或栽培在池塘或水田内。俄罗斯、朝鲜、日本、印度、越南以及亚洲南部和大洋洲等地区均有分布。

莲是所有名字带“莲”植物的母题，那些名字里带有“莲”字的植物，都或多或少地具有莲的某些特征，或是花朵，或是叶片，或是其他。本书所指说的金莲花就是花形类似莲花的形状，但颜色金黄，因此被赋予金莲花的美名。

与陆地生长的金莲花不同，莲作为水生植物中的挺水植物，生活中非常常见，不易被人认错，与其他水中生长的植物相也对容易区分（图 2-10），常见易混淆的植物有后面要介绍的睡莲。

图 2-10　莲在水中的生长情况

科普小课堂：莲虽然生长在污泥里，但莲叶却永远保持着清洁，所以从古至今莲花（荷花）一直是清白、高洁的象征。

雨后，多数植物叶面上的水滴是呈分散状沾在叶面上。当水落在荷叶上时呢？多珠水滴会自动聚集成一滴并且可以在叶面上呈球状自由滚动。在电子显微镜下的荷叶表面上，有一个紧挨着一个大小仅有 10 微米的“小山包”，“山包”上长满了绒毛，就像种满了密密的植被一样，这些绒毛仅有 1 纳米的大小。纳米就相当于把一粒小米分成一百万份，每份的大小就是 1 纳米，肉眼根本看不见。因为水珠的直径比绒毛的直径要大，所以雨水对于荷叶叶面上的这些微结构来说，无异于庞然大物。不仅如此，“山包”凹陷处充满的空气在叶面上形成了一层极薄的空气层。于是，雨水降落时，隔着一层纳米空气，它们只能和“小山包”上突起构成的几个点接触，根本无法进一步“入侵”，所以无论多小的水滴也就只能在“山头”上跑来跑去了。科学家将这种微米加纳米的双重结构，叫作超疏水表面（图 2-11）。研究人员科学解释了莲叶“出淤泥而不染”的现象，并发明了种类繁多的超疏水涂料。

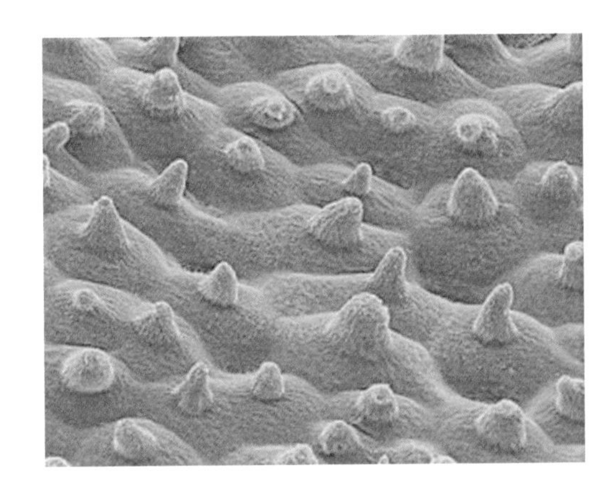

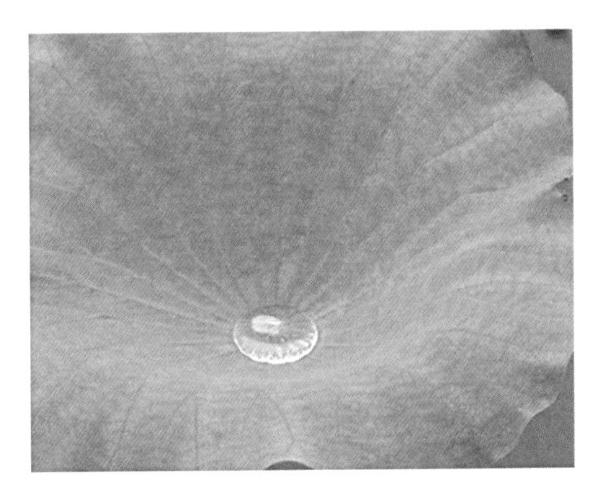

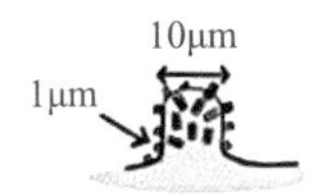

图 2-11　荷叶表面的微观结构及超疏水效果（图片来源：中科院江雷等）

4 睡莲

睡莲［*Nymphaea tetragona*］为睡莲科睡莲属的多年生水生草本植物，有“子午莲”“茈（音 zǐ）碧莲”“白睡莲”等别称。

睡莲的根状茎短粗，较为肥厚。睡莲的叶片正面油油亮亮，为绿色或暗绿色，背面红色或紫红色，叶片两面都没有毛或白粉，但是上面会有一些小点，长大的叶片不会挺出水面，而是漂浮在水面上，叶片为椭圆形，而且具有“V”形缺口（叶片基部有深弯缺）。睡莲的花单生，浮于或挺出水面，花梗细长；睡莲花色有红、粉红、蓝、紫、白等，也有黄色花的睡莲种类，花瓣有单瓣、多瓣、重瓣。浆果呈球形，不规则开裂，在水面下成熟，种子为椭圆形，黑色（图 2–12）。睡莲的花期 6～8 月，果期 8～10 月。

图 2–12　睡莲植株形态示意（图片来源：仿自冀朝祯）

睡莲的花有“昼开夜合”或“夜开昼合”的特性，就像是具有规律的作息时间一样，它们的花朵会在晚上闭合，第二天早上又重新开放，因此被称为花中的“睡美人”，这也是为什么它会被称为“睡莲”的原因。其实，植物像动物一样，也会有昼夜节律，太阳早晨升起晚上落下，光照、温度、湿度等环境因素随之变化，为了适应这种规律性的变化，植物在习性上也会做出对应变化。此外，由于睡莲分布较为广泛，不同的生长环境也就造就了睡莲花朵不同的作息时间，会出现不同的开闭时间。还有的睡莲花朵夜间闭合，将昆虫关在其中，经过一夜之后再放昆虫出去，可以把花粉带走传给其他睡莲的花朵，这是植物传粉的智慧。

图 2-12

睡莲有黄色的品种，与金莲花也会有共同之处，但是它跟莲一样都是典型的水生植物，是池中常见的水生花卉，而金莲花是典型的陆生植物，所以从区分上来说，还是没有难度的，需要区分的是睡莲与莲花。

睡莲像荷花一样出淤泥而不染，也是一种美丽的水生观赏植物。睡莲分布和栽植范围也很广，世界各地都有它的身影，不同的环境条件造就了睡莲花朵不同的形态。与睡莲容易混淆的植物除了荷花之外，荇菜也是常见的一种，二者的叶片形状很像，且都漂浮于水面，但花的形状就差得远了，从外观上可以很容易进行区分（图 2-13、图 2-14）。

图 2-13

图 2--14

图 2-13　睡莲花、叶（一）
图 2--14　睡莲花、叶（二）

5 地涌金莲

地涌金莲［*Musella lasiocarpa*］为芭蕉科地涌金莲属多年生草本植物，是中国特产花卉，原产于我国云南，又被人称为地涌莲、地金莲、地母金莲等。

植株丛生，地下具有根状茎，地上部分是它的假茎，叶片肥大好像芭蕉的叶子，开花的地方其实主要是它的假茎，花序由密集的苞片堆积，呈莲花座，生于假茎顶部，整个花序由金黄色苞片自下向上组成（图 2–15）。开花的时候犹如涌出地面的金色莲花，但金色“花瓣”其实是苞片，并不是它真正的花。苞片一般呈现黄色或淡黄色，阳光下闪耀着金色的光芒（图 2–16）。在假茎的叶腋处才是真正的小花，清香娇嫩，黄绿相间，更平添了一份精致的美丽（图 2–17）。地涌金莲的花期可长达半年，苞片会在花后渐渐枯萎，而中心则不断地长出更多金色苞片来。南方温暖地区常在室外露地栽培，而北方地区需要在温室内进行盆栽，北京市植物园等北方地区的单位已引种栽培了这一美丽的植物。

地涌金莲不仅观赏价值较高，它的花还可以入药，用于收敛止血，民间还利用其茎汁解酒醉和草乌中毒。此外，地涌金莲还是佛教寺院“五树六花”之一，是一种具有重要文化含意的植物，在民间传说中是善良和正义的象征。

图 2–15

图 2-15　地涌金莲植株形态示意

图 2-16　地涌金莲形态

图 2-17　地涌金莲假茎

6 萍蓬草（水金莲）

萍蓬草［*Nuphar pumilum*］为睡莲科萍蓬草属多年水生草本植物，别名黄金莲、萍蓬莲，其拉丁种名 *pumilum* 的意思为“矮生的”。萍蓬草属约有 25 种，我国有 4 ~ 5 种。

萍蓬草的叶子为纸质；宽卵形或卵形，先端圆钝，基部有弯缺口，心形；叶片上面光亮，无毛，下面密生柔毛。侧脉羽状，花梗有柔毛，萼片黄色，外面中央绿色；花瓣先端微凹，柱头淡黄色或淡红色，初夏时开放朵朵金黄色的花朵挺出水面，灿烂如金色阳光铺洒在水面上，映衬着粼粼波光（图 2–18）。浆果呈卵形，种子为褐色。花期 5 ~ 7 月，果期 7 ~ 9 月。

南方地区很多水池中的“金莲花”多指此种植物，如古代无锡惠山地区所称的金莲花、荆门地区蒙泉和惠泉的金莲花（水金莲）（图 2–19）。

元代《无锡县志》中记载了这种被称为“惠山山灵”的金黄色小花，花开五瓣，花蕊呈迷人的红晕色。唐代陆羽《惠山寺记》中记载：“惠山古称华山。华山有方池，池中生千叶莲花，服之羽化[①]”。后来此地的金莲花是从外地引入，据明朝邵宝《惠山记》记载，金莲花“为寺僧从西域传入”“此花宇内存三：一为华山，一为庐山，一为惠山”，这所谓的“金莲花”生长于惠山“天下第二泉”中，根繁叶茂，花黄而小，具有非凡的文化寓意。

荆门地区历史记载的“金莲花”多位于蒙泉和惠泉，最早见于北宋曾任江陵府观察推官的刘挚和曾任汉阳知府的李复等人的诗文记载，其中刘挚在《荆门惠泉》诗中写道：“波底金莲花，万叶绿绮缛”。李复在《荆门军蒙泉》诗中云：“清涵锦石斑斑丽，秀吐金莲熠熠幽”。北宋理学家刘清之在《蒙泉行》诗中说：“更有金莲吐泉底，历历星在银潢中”。赵汝燧《蒙泉行》诗云：“云木枕崖影湿翠，金莲铺镜葩在水”。南宋时洪适在《金莲》诗云：“绿衣黄里水苍笄，朝暮凌波步武齐。一种清高乐泉石，移根不肯污涂泥”，其著作中还有对金莲花形状的描述：“其莲四时有花，长簪而五出，黄中而绿表，其心紫，其须黄，其叶不凌水，光可以鉴”。从这段文字描述可以看出，花心紫色，这种金莲应该就是指荇蓬草。当然，对这种植物也有称之为水金莲的。南宋诗人舒岳祥《水金莲》：“波心隐隐金椎出，只道冯夷先导来。笑口渐开黄玉瓕，丹心初见小莲胎，步花想见江妃佩，烧烛哪从水殿回。传说无闻今始著，莫嫌闲客少诗才”，黄色花朵中间一点丹心，很大可能也是指荇蓬草。

① 古人传说仙人能飞升变化，把成仙喻为羽化

在植物学上还有一种植物水金莲花［*Nymphoides aurantiacum*（Dalz. ex Hook.）O. Kuntze］，也是龙胆科荇菜属水生植物，主要产于我国台湾地区，历史文献记载的水金莲花应该不是这种植物。

图 2-18

图 2-18　萍蓬草植株形态示意
图 2-19　萍蓬草的花和种子

7

荇菜

荇菜 [*Nymphoides peltatum* (Gmel.) O. Kuntze] 是龙胆科荇菜属的多年生浮水植物，别名叫作金莲子、莲叶荇菜，也有的地方俗呼为“野睡莲”，或者称之为“金莲儿”。主要是因为其花开时弥覆倾亩于水面之上，黄色的小花在阳光下泛光如金，因而得名。因其叶形与生态习性近于荷花，故又称为“水荷”。而现在植物学上规范的写法一般写作莕菜，其实莕和荇都读作“xìng”，《尔雅・释草》的解释是“荇作莕”（图 2-20）。

国人认识莕菜具有非常悠久的历史，在古籍的记载中多写作“荇”。“关关雎鸠，在河之洲。窈窕淑女，君子好逑。参差荇菜，左右流之。窈窕淑女，寤寐求之”，《诗经・关雎》中描写的“荇菜”就是这种植物。朱熹注释说：“荇，接余也，根生水底，茎如钗股，上青下白，叶紫赤，圆径寸余，浮在水面”。东汉许慎《说文解字》中的解释是“荇，菨余也”，《尔雅・释草》云“莕，接余，其叶苻”。唐代药学家苏敬在《唐本草》中写道：“荇菜生水中，叶如青莲而茎涩，根甚长，江南人多食之”。这些描述都真实反映了莕菜的基本特征。

图 2-20　莕菜及其生长环境

荇菜产于全国绝大多数省区，主要生于池塘或不甚流动的河湖与溪水中。茎为圆柱形，分枝较多，上面密密麻麻生长着褐色斑点，节下生根。叶片形似睡莲的叶子，圆形或卵圆形，飘浮于水面之上，小巧别致，上部叶对生，下部叶互生，叶面上有不明显的掌状叶脉，下面紫褐色，粗糙，上面光滑。鲜黄色花朵挺出水面，花常 5 瓣，金黄色，虽然每朵花开放的时间较短，但全株多次开花，因此对整个植物来说花期可以长达 4 个多月，由此来说，荇菜确实是水景营造中一种美丽的观赏植物（图 2–21）。荇菜的果实为蒴果[①]（音 shuò），没有果柄，椭圆形；种子较大，褐色，椭圆形，边缘密生睫毛。

荇菜和很多种植物都容易混淆，明代的李时珍在《本草纲目》中详细区分了荇菜和莼（音 chún）菜的区别：莼菜的叶子是椭圆形，荇菜的叶子是圆形或者卵圆形；莼菜花期在 6 月份，果期大概在 10 月份，荇菜花果期在 4 ~ 10 月份。此外，漂浮在水面开黄花的水生植物，荇菜和萍蓬草是其中很典型的两种，叶子很像，确实也很容易让人混淆，其实仔细看区别还是很明显，萍蓬草的花更像睡莲。

---

① 果实的一种类型，由合生心皮的复雌蕊发育成，子房 1 室或多室，每室有多粒种子

图 2-21　荅菜植株形态示意

第三章

佛与金莲

无论是印度本土的佛教，还是传入后中国化了以后的佛教，都认为莲花从淤泥中长出却非常的干净圣洁。而金莲花生长在海拔两千米以上的净土之上，圣之又圣，与人们所追求的理想境界相一致。在善男信女心目中圣地是金色世界，刚好与金莲花的颜色相同，而佛门又多以莲花为修行宝座，金色莲花自然而然更被佛家看重。经典名著《西游记》中，如来佛祖所在的西天极乐世界里一片金色，佛与菩萨无不坐于莲花宝座之上。

莲花出淤泥而不染，正好迎合了人们超凡脱俗的精神追求。佛教尤其崇尚莲花，其信徒将莲花视为圣物（图 3–1）。走进佛寺之中，随处可见莲花的各种形象，或花、或枝叶、或莲蓬。不仅如此，莲花还频繁出现在各种佛教经典里，代表了神圣、高洁等不同寓意。在佛教造像等形象中，菩萨端坐或站立于莲花宝座之上，更是象征着佛教的本源。

佛教经典中的莲花

古代人们眼中，莲花开时花朵与果实俱存，具有“华实齐生”（明，王象晋《群芳谱》）的特质，且一莲生众子，这种特征也恰好符合佛家倡导的“普度众生”和“众生平等”等理念，因此在很多佛教的经典中，经常会出现莲花的意象。

《佛陀本生传》记载，释迦牟尼佛生于两千多年前的印度北部，出生时向十方各行七步，步步生莲花，并有天女为之散花。

《华严经》中描绘了一个称为“莲花藏”的世界，即莲花出生之世界，经文中说：“莲花妙宝为璎珞，处处庄严净无垢。香水澄渟具众色，宝华旋布放光明。”由此可见，佛教典籍中，一朵莲花已经成为一个庄严世界。

《大正藏》中形容莲花具有四德：一香，二净，三柔软，四可爱。因此莲花被赋予了感情色彩。

《阿弥陀经》中记载：“极乐国土，有七宝池，八功德水，充满其中，池底纯以金沙有地……池中莲华，大如车轮，青色青光，黄色黄光，赤色赤光，白色白光，微妙香洁。”

其他经文中的莲花还有很多，不一而足。

图 3-1　佛教莲花造型中的莲花原型

佛教中的莲花形象

莲花形象其实很早就在我国出现，一直为人们所欣赏、赞美，并被广泛应用于书画、诗文中，早期的莲花形象与佛教并无关系，东汉时期佛教传入我国以后，莲花与佛教的关系才日益密切。据《南史》记载："有献莲花供佛者，众生以铜罂盛水，渍其茎，欲华不萎。"（图 3-2）此时期实物莲花与佛教的关系可见一斑。从另一个角度来说，中国的插花、莲花灯等内容的出现可能也与南北朝时期佛教"供养花"的仪式有一定的关系（图 3-3）。

图 3-3

图 3-2　佛前供花
图 3-3　佛前供莲花灯

在信仰佛教的人群中，莲花的形象到处可见。莲花的形象经常出现在我国各地的佛寺建筑中，也出现在一些佛教用品中。此外，很多寺庙中都设置有莲花池，池中种有世间所能见的各种莲花（“金莲”、睡莲、荷花）（图 3–4）。无论是莲花宝座，还是佛和菩萨造像中手持的莲花（图 3–5），在佛寺中或各类佛造像中都会看到（图 3–6）。

图 3–4　清代丁观鹏《极乐世界庄严图》中的莲花池（中国台湾地区“故宫博物院”藏）

極樂世界莊嚴圖

图 3-5

图 3-5　佛像中各种手持莲花造型

图 3-6　手持莲花——宋人画《普贤菩萨》中手持莲花的形象（图片来源：克利夫兰艺术博物馆）

图 3-6

莲花座

佛教中的莲花座一般有两种说法，一是指座位，另外指一种坐姿（图 3–7）。作为座椅的莲花座大都为六角形，下部是一个须弥座（图 3–8）。其实从佛教雕塑等各种图像中可以看出：佛陀常见的座位有金刚座、狮子座与莲花座三种造型。前两者由威严的帝王宝座转化而成，在佛陀与弟子谈话的非正式场合出现；但当世尊宣讲重要经典如《法华经》时，则“一定趺坐于莲花座上”。至于指代佛陀坐姿的“莲花座”，《大日经》解释：“左足先著右上，右足次著左上，名为莲花坐；单足著右上，名为吉祥坐。”

图 3–8

图 3–7　莲花座
图 3–8　须弥座中的莲花造型

图3-7

文人笔下的佛与莲花

古代有很多文人都是佛教的信徒和支持者，在他们创作的诗词文学作品中经常会看到有关佛教的思考。在古代士林之中，认为莲品即人品。东晋高僧慧远在江西的庐山修建东林寺，掘池植白莲，组织白莲社，同修净土之法，这一做法对后世寺观园林的发展也产生了重要影响（图 3-9）。唐代诗人李白号为“青莲居士”，有说他喜爱莲花，在他的笔下“清水出芙蓉，天然去雕饰。”有说他出于对佛教的信仰，在造访庐山东林寺时有“我寻青莲宇，独往谢城阙。”也有说他为了纪念家乡和自己童年对青莲的印象，虽然目前尚不清楚这一名号的真实原

图 3-9　北宋张激《白莲社图》（局部）中的莲花池（图片来源：辽宁博物馆藏）

因，但是“青莲居士”确实有佛教意味。在其游化城寺时所作“了见水中月，青莲出尘埃”诗句中也尽显无遗。唐代诗人孟浩然《题大禹寺义公禅房》：“义公习禅处，结构一依林。户外一峰秀，阶前群壑深。夕阳过雨足，空翠落庭闲。看取莲花净，应知不染心。”在这里诗人把心境赋予莲花，被莲花的静美所感染，喻像莲花般圣洁。宋代的诗词中也有很多诗句反映了莲花与佛教相关：如“不怕世人笑逃禅，火中自会生金莲”（宋·彭汝砺《察院学士灸焫连日戏作鄙句》）；“金莲驾象得得来，华灯一滴祥光开”（宋·李新《两寅四月乙丑夜漏未尽五鼓三嵎程平起问安堂》）；“善根不挠金莲合，净界无尘水月齐”（宋·王益《留题清凉院》）。

在古代民间小说中，莲花也经常出现，不仅是传统宗教构筑的世界里，莲花形象频频出现。在一些神怪小说中也经常会看到莲花的身影，这在一定程度上体现了植物文化对道教和佛教的深层次影响。古典神话传说《宝莲灯》又名《劈山救母》，讲述了二郎神的外甥沉香，依靠宝莲灯，力劈华山，救出了压在山下的母亲三圣母。清代蒲松龄《聊斋志异》中有很多关于莲花的故事篇，如《荷花三娘子》等。

在很多古代文学或绘画作品中，观音菩萨形象都是在莲花座之上（图 3-10）。古典名著小说《西游记》中描述南海珞伽山——“风摇宝树，日映金莲”（图 3-11）。观音菩萨端坐于莲花宝座之上，以至于圣婴大王红孩儿在抢得观音的莲花宝座后，也是迫不及待地想上去坐一坐，最终成为观音座前的善财童子。南海珞珈山观音池中金鱼化为灵感大王，在通天河畔陈家庄与孙悟空师兄弟三人大战，所使的兵器铜锤其实是由一个未开的莲花（菡萏）转化而来。

图 3-11

莲花再生的故事在古典神话小说《封神演义》中被演绎：陈塘关总兵李靖的三公子哪吒闹东海触犯天条，罪及自身、祸延父母；为了赎罪，哪吒剔骨还父、割肉还母；他的灵魂在师父太乙真人帮助下，“折荷菱为骨丝为胫，叶为衣而生之”，由莲花所化后脱去肉体凡胎而重生，成为武王伐纣先行官，后来成为西游记中所称的“三坛海会大神”。《封神演义》中文殊广法天尊的法宝在玄门称为“遁龙桩”，后在释门则成为“七宝金莲”，是传说中克敌制胜的非凡法宝。

图 3-10　清代丁观鹏莲座大士像轴（图片来源：故宫博物院藏）
图 3-11　古典小说《西游记》版画中的莲花形象

图 3-10

2 金色莲花——金莲花

佛教中的莲花有不同的颜色，佛经中把莲花的颜色分为白、青、红、黄等颜色。其中优钵罗华译作青色莲花，钵头摩华译作赤色莲花，芬陀利华为白色莲花，而中央解脱虚空藏坐黄金莲花，称为波慕华，金色莲花在佛教中具有与众不同的含义。

在佛教经典中有“上生金刚台，中生紫金台，下生金莲花”的记述。“又上品下生者，行者命欲终时，阿弥陀佛，及观世音、大势至，与诸菩萨，持金莲华，化作五百佛，来迎此人。五百化佛一时授手，赞言：法子，汝今清净，发无上道心，我来迎汝。见此事时，即自见身坐金莲华，坐已华合，随世尊后，即得往生七宝池中”（图 3-12）。

图 3-12　17 世纪西夏黑水城佛画----阿弥陀佛来迎图
（图片来源：俄罗斯圣彼得堡冬宫博物馆藏）

《传法正宗记》记载："次子，生有异迹。父不敢以俗拘之。遂命师盘头出家。戒已寻得付法。游化初至西天竺国。其王曰。瞿昙得度。崇佛常自持金莲花供养。"

《赞观世音菩萨颂》中记载："光明晃朗普周遍，巍巍挺特若金山，亦如满月处虚空，又似薝波迦花色，胜彼摩醯首罗身，徒以白龙为璎珞，右手执持金莲花。"

《佛说观无量寿佛经》："心令声不绝，具足十念，称南无阿弥陀佛，称佛名故。于念念中。除八十亿劫生死之罪。命终之时见金莲华犹如日轮住其人前。如一念顷即得往生极乐世界。于莲华中满十二大劫。莲华方开当花敷时。观世音大势至以大悲音声。即为其人广说实相。除灭罪法。闻已欢喜。"

《大智度论》卷十云："尔时宝积佛以千叶金色莲华与普明菩萨而告之曰：善男子！汝以此华散释迦牟尼佛上。"

拯救世界的梵天王是坐在千叶金色妙宝莲花上出生的，“人脐中出千叶金色妙宝莲华，其光大明如万日俱照，华中有人结跏趺坐，此人复有无量光明，名曰梵天王。”

佛教中的莲花颜色与实际的植物颜色并不完全对应，我国古代自然界中并没有金色的莲花，但是却有黄色的睡莲。而在印度原始的宗教中，很多莲的形象其实是睡莲，由此在某种程度上可以解释金色莲花的由来。但我国没有原产的金色睡莲，莲花中也没有金色的品种，但是金色莲花在佛教经典中反复出现，所以人们会在现实中积极地寻找这种金色莲花。或人为在祭祀、宗教等场所创造一些金色莲花的造型，表达其内心的理想追求（图 3-13、图 3-14）。在这一过程中人们也倾向于将不同的植物赋予金莲花的名字。由此，对金色莲花的向往促进了人们对金莲花的认识。

被称为金莲花的植物有很多，但最后被赋予了一种特定植物。金莲花的发现并不是仅仅因其与佛教的关系，其实还反映了人们对莲花认识的不断加深。无论是塞外草原的金莲川，还是山西五台山的佛教圣地，金莲花都被当作金色莲花的人间代表，或者是佛教中金色莲花的一种替代。恰如其分，无疑就具有了一种独特的含义和神圣的光环。

图 3-13

图 3-14

图 3-13　天坛祭天陈设中的金色莲花贡品
图 3-14　藏传佛教中的金色莲花

第四章

金莲映日

莲作为观赏植物开始在园林中栽植的时间较早，据东汉《越绝书》、南朝梁任昉所著《述异记》等文献记载，春秋时期吴王夫差在他的宫苑姑苏台（位于苏州姑苏山）因山成台，联台成宫，馆娃宫（位于今灵岩山上）内有“玩花池”，为欣赏荷花之所，传说里面曾移种过野生红莲，可算是人工砌池植莲的最早文字记录。隋唐以降，莲作为观赏植物开始大量进入传统园林中，唐长安城东南隅有“曲江池”“芙蓉苑”，南宋都城临安（今杭州市）有“曲院风荷”，皆是以莲荷为重要景观要素的景点。其后莲在历代的园林中广泛栽植，而一些特殊的植物也作为莲花的“异种”[①]栽植于园林之中。金莲花似荷而黄，花开美丽，弥补了自然界中金色莲花缺失的遗憾，正因如此，才会被古代帝王发现并感其寓意而栽植于皇家园林之中，成为古代引种栽植植物的典型案例。这对于植物文化景观构建、植物引种驯化实践等都具有一定的参考意义，也为金莲花这样优秀的本土野生植物驯化栽植指出了可行的发展道路。

① 此处“异种”是指古代人将其他植物作为莲的异种加以认识和命名

金莲花原产我国北方地区，其中位于山西省的五台山是其主要产地之一（图 4-1）。五台山是我国著名的佛教名山，属太行山系的北端，据《名山志》记载："五台山五峰耸立，高出云表，山顶无林木，有如垒土之台，故曰五台。"因此而得其山名。

五台山与浙江普陀山、安徽九华山、四川峨眉山共称中国佛教"四大名山"，是中国唯一一个青庙黄庙[①]共处的佛教道场。根据有关统计，五台山共有寺院 47 处，其中台内 39 处，台外 8 处。多为历史上的敕建寺院，著名的有显通寺、塔院寺、菩萨顶、南山寺、广济寺、万佛阁等，历代皇帝多有来此参拜者。五台山植物资源丰富，野生植物主要有木本、草本两种，原产此地的植物品种有 30 余种，其中就包括著名的佛系花卉——金莲花，以"文殊花"之名列为五台山三宝之一。

① 一般来说，青庙住和尚，黄庙为藏传佛教寺院，住喇嘛

佛

五台山以古老的地貌特征和清凉的气候条件，孕育了佛教文殊信仰的中心，展现了独特的文化景观。但是由于五台山气候高寒，喜温畏寒的普通莲花难以在此很好地生存繁衍，佛教信徒便将此地特产的金莲花视为佛教的重要象征。初夏时节，这种生长在山坡、草地、林下的金色“莲花”盛开之际，开得满山耀眼的金黄，如黄毯铺地，遍地金色，一望无垠，令人神清气爽，心旷神怡。相传五台山塔院寺旧有一副对联云：“敷演清凉，四时瑞雪飘飞，幻出银装世界；恢宏极乐，六月莲花始开，翻成金色乾坤。”形象生动地阐释了五台山神圣而又灿烂的金莲花景观。

据《山西通志》记载：“金莲花，一名金芙蓉，一名旱地莲，出清凉山”，这里的清凉山就是指五台山。《五台山志》载：“山有旱金莲，如真金，挺生陆地，相传是文殊圣迹”，这种植物因其耀眼的金黄色，所处的又是文殊菩萨的道场（道场原指成佛成道之所），因此被赋予了佛教寓意。在五台山的山坡、草地和林间，金莲花随处可见。受这里佛教文化影响，在此地出产的这些植物也似乎天然就有了佛性。头戴着被人们尊称为“金色莲花”的美誉，吸引着人们去亲近，见过的人忍不住将这种独特的花卉栽植在自己身边。

图 4-1　五台山

根据相关历史记载，五台山上所产的金莲花主要在明月池附近（图 4–2）。明末清初诗人吴伟业《清凉山赞佛诗》诗云："西北有高山，云是文殊台。台上明月池，千叶金莲开。花花相映发，叶叶同根栽。王母携双成，绿盖云中来。"除了这里的金莲花比较有名之外，历史上在山西的其他地区也有金莲花存在的相关记载，据《山西通志》载："雕窝崖在县西十五里，山半有石盆津漉滙（同汇）焉，崖遍开黄花，土人名金莲花，麓有青龙观，崖下东为石窑（音 yáo）沟，西为大水沟。"

为什么要引种栽植植物

人类生活在这个地球上，植物也伴生于此，自然界中的植物通过种子或其他方式繁殖后代，繁衍不绝。自然环境的差异造成了植物交流的隔阂，由此植物的分布具有一定的地带性，植物在一个地区长期繁衍，适应了这个地区的环境特点，体现了这个地区的自然和人文景观风貌。

在漫长的人类进化和发展过程中，人们不断引种驯化植物，人为地扩大了某些植物的生长区域，也促进了不同地域的植物及其交流。我们现在吃的茄子、辣椒等蔬菜和玉米、花生等农作物都不是我国原产，都是不同历史时期从世界上其他地区引种栽植而来的。观赏植物的引种在漫长的历史发展过程中也不断出现。梅花曾经在元代从江南地区引种栽植到北方地区，以陈俊愉院士为代表的科研人员通过卓绝的努力最终在现代成功实现了南梅北移。

在人与大自然的互动中，人类似乎有某种嗜好，总是不断将一种植物栽植到另一个地区，这或许是从远古时代遗传下来的一种生存技能吧。那么为什么植物能够被引种栽植到原产地之外的另一个环境截然不同的区域呢？

图 4–2　山野间的金莲花

植物引种成活的原理

俗话说，树挪死人挪活。树木离开原来的生长环境，很容易生长不良，严重的甚至死亡。但对于草本植物来说，移植的成活率则相对较高。

一株植物从某一地栽植到另外一地，离开了原来的生长环境，可能会继续完成生命周期，也可能因为环境不适宜而死亡。

植物的引种是指植物被移到自然分布或当前的栽培分布范围以外的地方进行栽培，包括简单引种和驯化引种。简单引种是由于植物本身的适应性广，不改变遗传性也能适应新的环境的引种方法，古代引种植物多采用这种方法。驯化引种是指在引种过程中，人们利用植物的变异性和适应性，通过选择使之逐渐适应新环境条件和改变对生存条件要求的引种方法，历史上常采用播种种子繁殖然后选择表现优秀的植株。人们进行引种驯化是为了扩大栽培植物的种类和发掘那些尚未利用的植物资源，是丰富并改变植物品种结构快速而有效的重要途径，也可以为各种育种手段提供丰富多彩的种质资源。

植物引种成活的原理就是植物对环境条件适应性的大小及其遗传，气候相似性越大的两个区域之间引种栽植成活的可能性也越大，其实就是不考虑地势高低等情况下，距离越近引种成功的可能性就越大。但是影响植物引种成功与否的因素有很多，其中有一个因素成为主导因子。引种是首先要看植物生存的主导因子，从原产地引种栽植到另一个区域，如果主导的生态因子没有改变，而植物适应性强，就会继续完成生命周期，并继续繁衍下去。甚至会因为缺少了一些制约性的环境因子可能还会比原来生长得更好，但如果不适应环境的改变且不采取相应的措施就会逐渐死亡。在不适应新环境的条件下采取杂交育种、诱变育种、选择育种等手段，可能会使得植物逐渐适应新的环境，也能引种成功。

图 4-3　美丽的金莲花

金莲花的引种栽植

人们发现金莲花之前，它们一直静静地在野外自由生长、繁衍，延续着一年一年的枯荣，无声无息，将美丽绽放于天地间。

从辽金时期，人们就开始认识并了解这种低调优雅又不失美丽的植物，它从形态上看非常像“莲”这种久负盛名的传统花卉，而又弥补了莲缺少黄色的遗憾，所以纷纷对它赞美、吟咏（图 4-3）。不仅如此，清代帝王还将金莲花作为一种具有特殊文化意蕴的植物，引种栽植到它们原产地之外的皇家园林之中，将它作为具有浓浓佛系味道的植物而崇拜欣赏，由此更多的人逐渐认识到这种植物的美丽，开始喜欢这种独特的“莲花”，因此历史上金莲花的引种栽植无疑扩大了其生长范围，也明显地促进了其文化内涵的丰富。

古代金莲花这种在中原地区较为少见的野生观赏花卉，其自然分布并不是很普遍。而人们在发现一种非常喜欢的观赏植物后，往往会将它引种栽植在自己的生活环境周围，以便能随时更好地欣赏。由于当时没有遗传育种学和引种驯化技术等的支撑，古代的引种栽植主要采用的是简单引种的方法，多是在野外直接挖掘植物然后栽植在园林中，或是采野外的植物种子进行播种繁殖，当然也就无法进行各种系统的引种实验，更无法进行相关的育种实践，但是也成功营造了一片馥郁的金黄。

历史上首次将金莲花引种驯化到低海拔地区栽植，并作为一种重要的园林观赏植物应用在皇家园林中的是清代的康熙皇帝。康熙引种的金莲花产自山西五台山地区。清代高士奇《金鳌退食笔记》也记载了从山西移植的金莲花栽植在京城的南花园[①]："从清凉山手移金莲花，亦付南花园栽种，四月末花开，碧叶黄英，鲜洁可爱。"清人吴振棫在其所著《养吉斋丛录》中也记载："五台山有旱金莲。七瓣，两层。心亦黄色，碎芷平正，有尖黄瓣，环绕若莲而小，六月盛开，遍地金色。圣祖有金莲花赋。后由五台移植避暑山庄，今香山亦有之。"

金莲花喜欢冷凉、稍微湿润的环境，不耐炎热和高温，由于引种地与金莲花原产的野生地之间有较大的生态因子差异，常导致引种失败，这里的引种成功是指植物经过多年栽植而正常生长，并能够保持该植物用基本正常的繁殖方法来繁衍后代。

① 清代在此培植一些特殊的花木，其中设有暖房等

图 4-4　人工栽植金莲花

清代曾栽植过金莲花的皇家园林现在都没有有效地复原金莲花景观，严格意义上说并不算完全引种栽植成功。野生的金莲花引种从中高海拔地区栽植在低海拔地区，夏季花后容易出现叶面上的黑色灼伤斑块，造成整体的景观较差，而且简单引种由于生态环境的差异，虽能成活但长势并不是很好，竞争不过其他植物从而很容易被自然淘汰，因此应该通过现代育种手段进行科学的引种栽植，引种中还要加强养护管理（图 4–4）。

作为一种观赏价值极高的我国特产花卉，当前并没有大面积地进行园林应用，而相对于城市中大量应用的洋花卉（外来植物），这不能不说是一种遗憾。金莲花是我国北方地区重要的野生宿根花卉资源，它的观赏价值很高且具有重要的文化内涵，因此具有很好的园林应用前景，从这个角度上来说，金莲花的育种具有光明的应用前途。

近些年，国内的研究人员仍在努力借助现代化栽培技术手段将金莲花引种栽植到不同的城市绿地和苗圃之中。中国医学科学院药用植物研究所采用实生育种和现代栽植技术，进行了相关试验，使金莲花能够在北京地区正常生长。从人工栽培的角度来看，加强田间管理特别是增施肥料和及时防治病虫害可大幅度提高产量。山西农业大学等高等院校进行了金莲花引种的系列试验，重点是研究和分析遮阴等措施对金莲花生理方面状况的影响，并提出了 40% 遮荫处理有利于提高金莲花叶光合功能，有利于植物越夏，这对于提高引种栽植效果非常具有价值（图 4–5、图 4–6）。

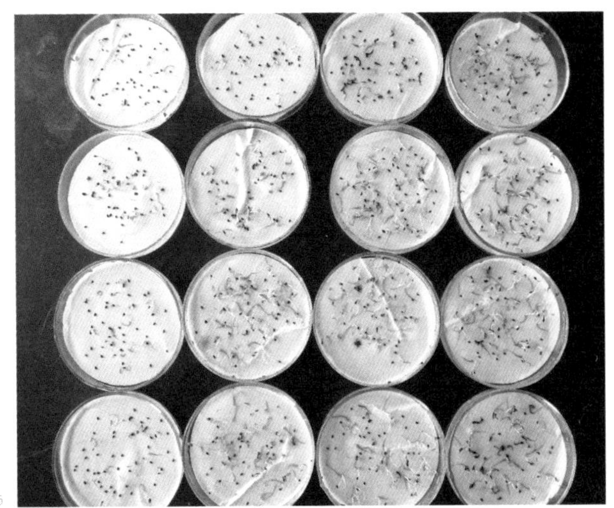
图 4-5

图 4-6

图 4-5　金莲花的种子萌发试验（图片来源：山西农业大学吕晋慧摄）
图 4-6　人工栽植的金莲花丰富的花型

此外，北京市香山公园、北京市园林科学研究院、河北承德避暑山庄、中国园林博物馆等单位都尝试从野外引种驯化栽植这种美丽的花卉，已经初见成果（图 4-7、图 4-8）。但是当前的研究都没有从育种角度开展相关培育新品种的系统工作，基于植物文化梳理和分析的基础上，今后在从弘扬中国传统文化角度加大本土观赏植物的研究和开发无疑具有重要意义，这种美丽的植物也将迎来更好的应用前景。

图 4-7

图 4-7　中国园林博物馆引种展示的金莲花（第一年开花）
图 4-8　中国园林博物馆引种展示的金莲花（第二年开花）

图 4-8

承德避暑山庄——金莲映日

承德避暑山庄位于河北省境内，是清王朝位于塞外的夏季行宫，修建于 1703 ~ 1792 年，是由众多的宫殿以及其他处理政务、举行仪式的建筑构成的庞大建筑群。其建筑风格各异的庙宇、皇家园林同周围的湖泊、牧场和森林巧妙地融为一体。避暑山庄及其周围寺庙是中国古代造园最后一个集大成的高潮作品和造园艺术典范（图 4–9）。

图 4–9　清冷枚避暑山庄图（图片来源：故宫博物院藏）

避暑山庄地处塞外，却水景移江南，山居仿泰岱，兼具了秀美婉约与豪放粗犷的独特风格，是一座体现锦绣中华的大观园。这里能看到苏州狮子园、镇江金山寺、杭州六和塔、泰山碧霞祠、蓬莱仙境、内蒙古草原……湖光山色之中，盛世盛景尽收眼底。从清康熙到乾隆年间，经过不断修建，避暑山庄中美景多不胜数，康熙皇帝从苑景中选取了36处分别赋诗题名并亲书匾额，乾隆皇帝仿照前例，选择了36处景胜题名赋诗。康乾二帝忘情徜徉于山水园林之间，以自己的感悟和诗画意境题写了著名的承德避暑山庄“康乾七十二景”，成为对避暑山庄最具韵味的解读和最具特色的展示。

“金莲映日”为著名的康熙避暑山庄三十六景之一，是以植物为主题的景观（图4–10）。该景点位于观莲所北，延熏山馆西侧一别致的小院（图4–11）。坐东朝西，院内南北配殿各5间，与延熏山馆连通，正殿面阔3间，前抱厦2间，康熙题额为“金莲映日”，“延薰山馆之右，有殿五楹，西向，是花环莳（音shì）。叶椏枝交，含风挹露，每晨光启牖（音yǒu），旭影临铺，金彩鲜新，烂然匝地”（《钦定热河志》）。“广庭数亩，植金莲花万本，枝叶高挺，花面圆，径二寸余，日光照射，精彩焕目。登楼下视，直作黄金布地观。”很形象地描述了金莲映日的胜境。殿前后栽植由山西五台山移来的近万株金莲花，枝叶高挺，花色金黄，夏季花朵密密麻麻似黄金铺地，“金莲花本出五台，移植山庄，体物肖形载赓（gēng），天藻曼陀优钵无以逾。”小院中清晨露珠点点，在阳光的照耀下金光闪闪，格外鲜艳夺目。《帝京岁时纪盛》也记载：“六月六日，避暑山庄金莲映日处，广庭数亩，金莲万本，天下无二，”可见当时避暑山庄栽植金莲花的壮美景象（图4–12、图4–13）。

图4–10　避暑山庄三十六景之金莲映日

（图片来源：地质出版社出版的《避暑山庄七十二景》）

图4–11　承德避暑山庄“金莲映日”现状

图 4-10

图 4-11

图 4-12　清代版画中承德避暑山庄金莲映日景观

图 4–13　清代版画中承德避暑山庄金莲映日景观

关于避暑山庄中的“金莲映日”之景，康熙皇帝御制诗赞曰：“正色山川秀，金莲出五台。塞北无梅竹，爽天映日开。”乾隆皇帝御制诗云：“玉井曾标秀，金台别擅奇。辉辉争日色，灼灼动风枝。银气常葱蔚，晶光自陆离。清凉慢相讶，古佛实都兹。”诗中山庄中栽植的金莲花枝叶繁茂，常常笼罩在银色雾气之中，罩上了一层似同薄纱的光与气，蕴含着一种诱人的魅力，盛开在山庄的金莲如此光彩夺目。乾隆皇帝自比文殊菩萨的化身，金莲映日景观之下，他仿佛佛光普照的菩萨一样，也在佑护着整个避暑山庄，由此，这里的金莲更加茂盛、灿烂。

夏日，避暑山庄，阳光洒在金莲映日院内的金莲花上，整个庭院中仿佛都浮动着一层黄色的光，庄严而神秘，黄光在微风轻拂中晃动并逐渐上升，乃至慢慢消失在浩瀚的宇宙中。与这种神圣的光融合在一起的则是淡淡的、带着湿润的金莲花的幽香。凑近它们，逆着阳光去看金莲花，这些别致的花朵，仿佛是浮在一片茵茵的绿草之上，一朵朵密密匝匝的黄花，就像神话传说中的莲花宝座一样，摇曳着，漂浮着，熠熠生辉（图 4–14）。

金莲花既可观赏，又可入药，是一种极具特色的植物。在清代引入避暑山庄栽植后，不仅带来著名的中国古典园林文化景观，《钦定热河志》记载："圣祖仁皇帝自五台移植山庄，有金莲映日之胜"，金莲花还成为承德地区的一大特产。康熙皇帝除了把金莲花引种到承德避暑山庄外，还曾将它们栽植到距离避暑山庄不远的桦榆沟行宫和喀喇河屯行宫。大学士张玉书在康熙四十七年（1708 年）所撰的《扈从赐游记》中记述，康熙皇帝在桦榆沟行宫曾赐给每位大臣一瓶金莲花，并说："特移植种于口外者，鲜妍可爱，与五台所产无异，他省诸山未之见也。"他还在文中记载，喀喇河屯行宫"循长堤而行观金莲花数亩，色正黄，弥望奇英焕烂自压诸花之上"。此外，康熙时期还曾出现了绿色金莲花的天然变种，对此康熙描写道："牡丹有绿诚仙品，幻色生香野草中，数朵乍开凝碧玉，黄花应逊碧花丛。"

图 4-14　日光映照下盛开的金莲花

香山静宜园——来青轩

香山位于北京西北郊，据金代李晏《香山记略》：“相传山有二大石，状如香炉，原名香炉山，后人省称为香山。”现在香山最高峰香炉峰（俗称鬼见愁）上有一块大石，状如香炉，晨昏之际，远望山顶，云雾缭绕，犹如香炉中几缕烟气袅袅上升。当然关于香山名字的由来也有不同的说法。还有一种说法就是，古时香山曾经杏花满山，每年春季杏花开放的时候，花香四溢。据《帝京景物略》中记载：“或曰香山杏花香，香山也。”明代王衡记载：“杏树可十万株，此香山之第一胜处也。”明诗还有“寺入香山古道斜，琳宫一半白云遮，回廊小院流春水，万壑千崖种杏花”之句。

静宜园修建于清代乾隆时期，是一座独特的皇家园林。全园布局沿香山山坡展开，是一座典型的山地园林。整个园林可分为三部分，即内垣、外垣、别垣。内垣在东南部的半山坡的山麓地段，是主要景点和建筑荟萃之地，包括宫廷区和古刹香山寺、洪光寺两座大型寺庙，其间散布着璎珞岩等自然景观。外垣是香山静宜园的高山区，面积比内垣更为广阔，舒朗地散布着十五处景点，其中绝大多数属于纯自然景观的性质，为欣赏自然风光之最佳处和因景而构的小园林建筑。别垣是在静宜园北部的一区，包括昭庙和正凝堂两组建筑。香山静宜园内大小景点50余处，经清乾隆皇帝命名题有“静宜园二十八景”。亭台楼阁、山石嶙峋、松柏交翠、层林尽染，很好地展现了这座皇家园林的山石林泉之美，这里独特的环境条件也为各种园林植物繁衍生长奠定了良好的基础。

金莲花原本在北京地区没有自然分布，清乾隆时期，香山静宜园内曾经引种栽植过金莲花，这些金莲花是由佛教圣地山西五台山引种而来。乾隆皇帝在《金莲花》诗序中描述："金莲花生于五台，初不知何名，皇祖赐之名而植之避暑山庄，兹香山亦种之。是卉宜于山，故繁滋特茂焉。偶临山馆，恰值敷荣，辄以命篇。"

香山静宜园栽植的金莲花主要集中在来青轩四周，盛开的时节大多正值乾隆皇帝居住在香山的时候（图 4–15）。乾隆皇帝多次游览、驻跸香山静宜园，留有诗作一千七百余首，其中很多都提到金莲花，宫墙边盛开的金莲花确实别具特色（图 4–16）。香山夏季这种独特的佛系花卉美丽异常，吸引这位皇帝留下数十首咏叹金莲花的诗作及御笔画作，也在一定程度上反映了他对金莲花的喜爱之情。清乾隆十四年（1749 年），他偶然来到香山的行宫山馆之中，恰值此花开放正盛，于是赋诗云：

林斋治圃种金莲，的的舒英映日鲜。
拟合送归学士院，不然宜傍老僧禅。
谁雕琥珀为趺萼，最厌胭脂斗丽妍。
设使因风落天半，维摩室应绕床前。

来青轩是香山上一处建于明代的山斋建筑，前临绝壁，建筑周围环绕着女儿墙，其地很早就为北京西山地区著名观景地，在此处可尽览山川之秀。明世宗嘉靖皇帝曾称赞“西山一带香山独有翠色”，并曾为来青轩题写过匾额。到清代乾隆时期建园时来青轩的建筑已不复存在，乾隆皇帝于是重新书写此匾，并仿坛城兴建了楼阁等建筑，现在高大的台基仍清晰可见。清乾隆时期，每当来青轩外的金莲花盛开之时，管理静宜园的官吏都会采撷鲜花置于水瓶中，恭献给皇帝和后妃。在皇太后去世以后，乾隆皇帝看到管理园林的官吏依照旧例送来的金莲花，不禁睹物思人，发出了“四载熏风一弹指，思将谁献益潸然”的喟叹。乾隆五十九年（1794年）四月，时年84岁的乾隆皇帝还曾在来青轩亲笔绘制了一幅《金莲花图》。

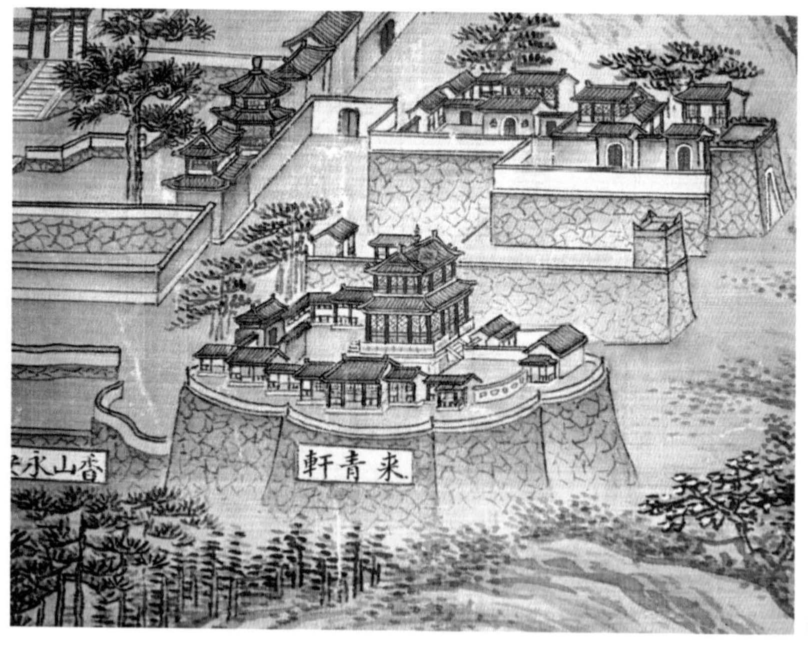

图4-15

图 4-16

清代香山皇家园林中曾经栽植金莲花，由于所处是在京城的西北郊，离京城不远是其便利欣赏这种原产山地和塞外花卉的优势，这里的金莲花不仅以其娇艳的美丽为宫廷园囿和帝后生活增添了色彩，同时也丰富了北京地区三山五园地区一定的人文和历史内涵。如今，每到初夏时节，北京西郊香山公园内勤政殿后的林荫草地内，研究人员重新引种栽植的金莲花次第开放，随风摇曳，金灿灿的花朵映衬着翠绿的古松，以及留存的古建筑，可谓是相得益彰，美不胜收，延续着这种美丽花卉的文化传奇。

图 4-15　香山静宜园中的来青轩，此地曾引种栽植过金莲花（图片来源：故宫博物院）

图 4-16　宫墙边盛开的金莲花

第五章

金莲文化

1 诗词

古代人们认为金色莲花具有特殊的功能，在神仙世界或佛国境界里，会开着金色莲花，那种金灿灿的颜色不含一点杂质。这些艳丽的花朵绽放在清溪水边，端的是超凡脱俗，美丽无邪；盛开在高山之巅，则高贵圣洁，魅力非凡。美丽的金莲花也激发了人们的创作欲望，几百年来留下了大量的诗词歌赋，丹青佳作，其文化意蕴也更加幽远（图 5–1）。

万顷金莲，平临难尽，高眺千般。珠蹙移花，翠翻带月，无暑神仙。
俗人莫道轻寒，幽雅处余香满山。岭外磊落，远方隐者，谁似清闲。

清代康熙皇帝这首御制小令《柳梢青·咏岭外金莲盛放可爱》，描写了登高眺望，映入眼帘的是万顷金莲花怒放于塞外山坡的宏阔景致。

就是这种简简单单、与众不同的独特花卉，惊艳了一众文人和古代皇帝，留下了大量吟咏的文学作品，也赋予金莲花以隽永而深厚的文化内涵（图 5–2）。

图 5–1

5-1 盛开的金莲花朵
5-2 简简单单的金莲花

图 5-2

古代早期的诗文中赋咏金莲仍以传统意义为多，大多并不是指具体的植物，也不是指我们现在植物学意义上的金莲花，归纳起来，总共有几类所指：一是指金莲灯或河灯，如“龟负缯山辉降阁，龙衔宝炬撤金莲”（宋徽宗《宣和宫词三百首》）；“自怜惯识金莲烛，翰苑曾经七见春”（宋欧阳修《清明赐新火》）；二是指佛门或僧侣，或是指莲花座，如“万刹金莲开碧落，一祠茅竹蔽丛萝”（宋金君卿《题晋匡庐先生庙》），“忽闻携樽命真赏，如见地涌金莲花”（宋郑獬《次韵种道行衙赏莲花》）；三是指装饰品，如“绣桷金莲花，桂柱玉盘龙”（南北朝鲍照《代陈思王京洛篇》），“上有金莲花，茎叶相扶将”（宋曹勋《遗所思》）；四是指金莲足，即三寸金莲，如“宫官一夜铺黄道，却踏金莲步步归”（宋宋白《宫词》），“裙边遮定鸳鸯小，只有金莲步步香”（宋李元膺《十忆诗·忆行》）；五是指植物，如“白发聋僧扶旧额，金莲又长玉渊苗”（宋董嗣杲《水乐洞》），“绿衣黄里水苍笄，朝暮凌波步武齐”（宋洪适《咏金莲花》）。唐宋时期吟咏植物金莲的诗词作品大量出现，表明古人在寻找世间金色莲花之路上，已更多地将其具象为一种植物种类。

对于我们今天所称的金莲花，其实古人对于它们诗词吟咏的历史并不久远。在人们开始注意到这种美丽的野生植物后，由于辽、金、元历朝皇帝的极力推崇，金莲花作为一个独特的花卉品种，很快在北方塞内外各地逐渐扩展开来，并成为宫廷中较为珍贵美好的植物，常用来赏赐群臣。因此上自帝王将相，下至文人雅士都对它有所认识、喜爱并由此赋咏。清代乾隆皇帝经过一番考证后认为：“元以前无专咏此花者，惟周伯琦《赋得滦河》篇有‘金莲满川净如拭’之语，及《上都纪行》诗注见其名。”的确，元代很多文人都在纪行诗歌中提到过金莲花等北方的野花，如赵秉文在《金莲川》中写到“向来菡萏香销尽，何许蔷薇露染浓。秋水明边罗袜步，夕阳低处紫金容。”夕阳下这种野花美丽得不可方物。

说起对金莲花的认知和欣赏，以及对它们大量诗词歌咏的开端，清代的康熙皇帝确实是至关重要的一位历史名人，他第一次去五台山后便创作了《金莲花赋》。从赋的内容可以看出，他对于金莲花有一种特殊的情感，而在那时就已经将金莲花“移土碪于上苑”了，这种喜爱或许与金莲花“正色如芙蓉而在陆，植株挺秀标奇”有很大关系。

《御制金莲花赋》

侔嘉名于华顶，结异质于清凉，冠方贡之三品，赋正色于中央，搴芙蓉而在陆，丽菡萏于崇冈。

顾柳池之非偶，岂苹涧之可方，焕彪炳而成文，散栴檀而结烬，烟横钵里之香，妆沐江干之靓。

受范公输之规，移芳彭泽之径，田田与芰盖殊形，矫矫并木兰比劲，若夫当融风之拂树，值暑雨之平池。

面镜潭而写色，掩玉砌以横枝，叶润陵晨之雾，花含照夜之珠，袭轻芬于衣縠，映斜月于牕帷。

本托根于道岸，曾何畏乎泥淄，尔乃草铺微绿之区，蝶舞轻黄之翅，沾芳则土脉流膏，落蕊则蜜脾分馈。

非桃李而成蹊，与鞠衣而同制，于是滴珠露以研黄，挹金房而泻翠，玉板润而脂融，松腴蒸而云翳。

摘珍产于山经，表奇芳于幽閟，异红采于岩阿，谢朱霞于水曲，漏镌长乐之铜壶，灯灿蓬山之银烛。

卑五华之仙葩，超四照之灵木，彼夫绿竹则称君子，青松以拟大夫，泽荷载于篇什，猗兰纪于史书。

惟斯卉之挺秀，拔众彙而标奇，感无言于空谷，久掩娉于山陂。移土碪于上苑，沐日月之光曦，化同被于偃草，忱获效乎倾葵。

康熙皇帝确实十分喜爱金莲花这种佛系味道十足的野生花卉，不仅移植金莲花至皇家御苑，还曾专门为它写下了7篇诗词。金莲花在被引入承德避暑山庄和香山静宜园后，极受皇帝和大臣的喜爱。每逢金莲花开的时节，皇帝不仅将花放置在各宫殿中，还以之赏赐宠臣显贵，更带头吟诗作赋，成为清宫中一大盛事和乐事，清代高士奇《金鳌退食笔记》中记载："（金莲花开）以黄布包裹，按时送各宫殿安放，花残则随时易以新者，南书房亦如之。"

《金莲盛放》

清　爱新觉罗·玄烨

曾观贝叶志金莲，再见清凉遍地鲜。
近日山房栽植茂，参差高下共争妍。

《金莲花》

清　爱新觉罗·玄烨

数亩金莲万朵黄，凌晨浥露色辉煌。
薰风拂槛清波映，并作芙蕖满院香。

《咏金莲花》

清　爱新觉罗·玄烨

迢递从沙漠，孤根待品题。
清香拂槛入，正色与心齐。
磊落安山北，参差鹫岭西。
炎风曾避暑，高洁少人跻。

《绿金莲花》

清　爱新觉罗·玄烨

牡丹有绿诚仙品，幻色生香野草中。
数朵乍开凝碧玉，黄花应逊碧花丛。

《驻跸兴安八首》其二

清　爱新觉罗·玄烨

特奉仙舆出，晴峦驻羽旄。
风多停彩扇，驿远进冰桃。
丽草金莲涌，浓阴碧树高。
墉台新月上，广乐奏云璈。

《金莲映日》并序

清　爱新觉罗·玄烨

正色山川秀，金莲出五台。
塞北无梅竹，炎天映日开。

作为康熙皇帝的继任者，雍正皇帝也对金莲花情有独钟，他在做皇子的时候有机会见过金莲花的风姿，对于被赏赐欣赏金莲花觉得是一种荣耀，专门写诗纪此事，作为“圆明居士”的他，也写出了自己从宗教角度对这种花卉的认识。或许是为了与他的父亲在很多方面都保持一致，当皇帝后他对金莲花也有专门的吟咏，从这些诗文可以看出，对佛道领悟很深的他，对金莲花确实也有过深深的思考和欣赏。

《赐观金莲花》

清　爱新觉罗·胤禛

异种遥从塞外传，香台曾为捧金仙。
檀心吐艳熏风里，钿朵含芳积翠边。
月殿桂飘难比端，秋篱菊绽不同妍。
移来御砌增佳玩，千叶休夸太液莲。

《金莲花》

清　爱新觉罗·胤禛

菡萏敷鲜彩，绚烂云锦重。茜裳杂缟袂，擢艳白复红。
根株遍陂泽，名品将无同。昔传天竺师，钵咒青芙蓉。
非关造物力，色相自虚空。独有金莲号，图谱考莫从。
我来古塞北，野卉竞丰茸。罗生岩谷底，琐屑焉能穷？
灿然睹奇葩，谁施冶铸工。六丁鼓炉鞴，几费丹阳铜。
镂刻成千瓣，片片黄金熔。碧茎袅翠叶，挺出薰风中。
俨如九品台，宝络垂玲珑。金仙此趺坐，演偈降狞龙。
幽芳宜见赏，辇路会当逢。亭亭黄屋侧，照耀衔壁釭。
宸游每披拂，香气向日融。愿言植阶砌，净浥清露浓。
惜哉远难致，忍令伍蒿蓬。缀词续花谱，以冠群芳丛。

历朝皇帝中，乾隆皇帝咏金莲花的诗作最多，以“金莲花”为题的诗歌，在乾隆皇帝御制诗各集中比比皆是，除了壬申年这首之外，还有甲戌年作七律、乙亥年作五绝、癸未年作五律、戊子年作七绝、甲午年作五言八韵、辛丑年作七绝、乙巳年作七绝诗等。这些诗歌除部分作于木兰秋狝期间之外，大多都创作于香山静宜园来青轩。乾隆不仅用诗词赞扬金莲花的形色和境界之美，在一些诗作中更是记录并回顾了其祖父康熙皇帝（1654～1722年）、其生母孝圣皇太后（1692～1777年）等在西巡五台山和京城西郊园居期间欣赏金莲花的情景。由于孝圣皇太后很喜爱这种美丽的花卉，“圣母最爱此花（金莲花），开时必先献”，后来看到此花不禁触物伤情，感慨良多。

《金莲花》

清　爱新觉罗·弘历

金莲花发映阶新，著雨清妍不染尘。

此是祇陀园里地，故应长者布来匀。

《金莲花》

清　爱新觉罗·弘历

金英翠叶晃朝霞，移自清凉蔓塞沙。

扬娜恰看当暑放，散芬雅合受风斜。

兔葵燕麦真凡品，詹葡曼陀本一家。

映日当年承佛笑，肯教卉谱例间花。

《金莲花》[1]

清　爱新觉罗·弘历

五台佳种迎薰到，布地黄金是泽芝。

天上锡名曾入画，人间擷秀少题诗。

齐宫步处原来假，唐院分余只合吹。

映日楼高庄避暑，花开每忆廿年时。

《金莲花》

清　爱新觉罗·弘历

绿叶金英开夏首，山中过雨倍精神。

佛葩雅合供佛玩，中使瓶擎进畅春。

《金莲花》

清　爱新觉罗·弘历

应节含金气，敷荣宜号金。

花惟开鹫岭，树合伴檀林。

三品兹标首，群芳总伏心。

给园布满地，调御昔来临。

《题蒋溥画金莲花即用其韵》

清　爱新觉罗·弘历

一种清凉卉，数丛金碧织。

画成尘外质，瓶贮静中穊。

相映金风拂，惟输玉露沾。

不须分彼此，佛手早经拈。

注：是花以出五台者为美，兹塞上亦有之。

① 是花产自五台，皇祖时移植避暑山庄而赐今名

《金莲花》

清　爱新觉罗 · 弘历

金莲花生于五台，初不知何名，皇祖赐之名而植之避暑山庄，兹香山亦种之，是卉宜于山，故繁滋特茂焉，偶临山馆，恰值敷荣，辄以命篇。

林斋治圃种金莲，的的舒英暎日鲜。

拟合送归学士院，不然宜傍老僧禅。

谁雕琥珀为趺萼，最厌胭脂斗丽妍。

设使因风落天半，维摩室应绕床前。

《金莲花》

清　爱新觉罗 · 弘历

种自五台出，蔓延遍塞堧。

纳凉曾有峪，开府亦名川。

直以陆为海，真同金布田。

漫生分别见，孰不是心莲。

《香山送金莲花至》

清　爱新觉罗 · 弘历

亚埭前朝犹萼葆，装瓶今日已花开。

分明演出莲华藏，电火流阴视此哉。

《金莲花》

清　爱新觉罗 · 弘历

水玉裁为叶，黄金镂作英。

的知极乐国，方见此花呈。

作为一种重要的佛系花卉，金莲花受到了皇家的欢迎，常将之供奉于佛坛之上，太监（中使多指太监）用瓶子盛着送到太后所居的畅春园（图 5-3）。

图 5-3　中使进献金莲

《咏金莲花八韵》[1]

清　爱新觉罗·弘历

是莲不出水，非菊却宜山。
色拟瞿昙面，笑开迦叶颜。
风前足丰韵，夏永伴幽闲。
花谱新方著，诗题旧弗闲。
沼欺鱼未戏，夜喜鹤犹还。
绿玉雕叶侧，黄金簇萼间。
江南休问采，月里漫疑攀。
近识额济尔，真观植渚湾。

注：近上尔扈特归降，始知其所居额济尔河内有黄色莲花，亦足备异闻也。

乾隆皇帝认真考证了金莲花的记载和诗词吟咏情况。他从东归的土尔扈特人口中第一次听说了在异域俄罗斯，竟然也有金莲花，他觉得这是奇闻。

① 元以前无专咏此花者，惟周伯琦赋得滦河篇，有“金莲满川净如拭”之语，及上都纪行诗注见其名

《金莲花》

清　爱新觉罗·弘历

香山苑吏送金莲，琥珀萼不带露鲜。

四载薰风一弹指，思将谁献益潸然。

注：圣母最爱此花，开时必先献，今不可复得矣。

乾隆皇帝的母亲非常喜欢金莲花，在母亲去世后，他面对管理香山园林官吏送来的金莲花，不仅潸然泪下，更加怀念母亲。

《咏金莲花有感》

清　爱新觉罗·弘历

乍见金莲放，清和映砌新。

原来山里种，自占卉中珍。

雨后色娟净，风前韵雅真。

畅春罢驰进，对此暗伤神。

注：昔驻香山，金莲花放必先驰进圣母，今不可复得，对此只增凄感。

《金莲花》

清　爱新觉罗·弘历

今岁金莲开觉迟，甫看一朵绽芳蕤。

此中大有机缘在，不忍繁英惹我悲。

注：向驻此遇花盛开，必簪缾差人至畅春园恭进，每有诗纪事。

除了古代帝王之外，也有一些当时的王公贵族和大臣及文人墨客曾见过金莲花盛开的风采（图 5–4），对这种美丽的佛系植物大加赞赏，留下了大量吟咏金莲花的诗篇。如纳兰性德曾亲随康熙皇帝游历五台山，在五台山曾经见过金莲花。

《赋得滦河送苏伯修参政赴任湖广》

元　周伯琦

清滦悠悠北斗北，千折萦环护邦国。
直疑银汉天上来，摇漾蓬莱云五色。
蛟龙变化深莫测，金莲满川净如拭。
銮舆岁岁两度临，雨露同流草蕃殖。
长亭短亭来往人，朝夕照影何尝息。
相君亲授临轩勑，紫骝嚼啮黄金勒。
却从江汉望龙冈，三叠晴虹劳梦忆。

《鹊桥仙上都金莲》

元　刘敏中

重房自折，娇黄谁注。烂漫风前无数。
凌波梦断几番秋，只认得三生月露。
川平野阔，山遮水护。不似溪塘迟暮。
年年迎送翠华行，看照耀恩光满路。

《金莲花》

清　爱新觉罗·允礽

塞外奇葩带瑞烟，却从陆海吐金莲。
名同西华原无别，色借中央倍觉妍。
映日似分黄伞影。临风欲傍御袍鲜。
承恩入夜还防召，宝炬先排法驾前。

《驾幸五台恭纪》

清　纳兰性德

杳杳丹梯上，迢迢翠辇回。
慈云笼户牖，佛日现楼台。
珠树参天合，金莲布地开。
共传天子孝，亲侍两宫来。

图 5-4　金莲花盛开

《五台山金莲花诗》

清　陈裴之

字孟楷，号小云，又号朗玉，钱塘人。诸生，官云南府南关通判。有《澄怀堂集》。

五台山色本清凉，种出金莲满上方。宝相千层围法界，琼蕤四照散天香。

风裳水佩游仙引，月地云阶选佛场。为问几枝开并蒂，瑶池长覆紫鸳鸯。

一花一叶一因缘，阿耨池边种几年。啮德水涵众香国，华鬘云拥四禅天。

灵根漫佐伊蒲馔，嘉树应翻贝叶编。旧是文殊留影地，折来还供法王前。

铸金辛苦布金难，谁向仙家鬓上看。鬘市栽来品优钵，迦陵衔处味旃檀。

山经补系天花菜，禅悦分参竺法兰。休比南朝玉儿步，捧珠龙女最珊瑚。

映日流辉艳绮霞，山庄移自梵王家。九天湛露凝仙掌，一路春风护属车。

照影绿环灵沼水，分看红出苑墙花。宸游玩物非无意，定有遗芳望翠华。

《金莲花歌》

清　靳荣藩

龙门边外缘陂陀，芙蓉菡萏交枝柯。妍如重台滴早露，洁如百子凌清波。

脆如并头晓日映，正如千叶春风和。却看黄中通理吉，才知不是寻常荷。

忆昔金源绍耶律，行宫帐殿俱嵯峨。肇锡嘉名曷里改，金枝玉叶原非讹。

莲曲新翻白羽起，莲杯既醉朱颜酡。遂令此花得所遇，史臣载笔为编摩。

五百年来岸谷异，祇随塞草缘山阿。退之无繇咏玉井，子安不复谣黄螺。

夙闻五台此花盛，裕之游赏曾吟哦。曷为塞垣竟寂寞，春风秋雨长蹉跎。

讵比为镫送子直，奚知作烛随东坡。名花如旧世代远，田父樵子相诋诃。

我谓赏花纪史册，已留名字辉羲娥。汗青缃绿自可贵，纷纷赋颂何足多。

愿以此诗为花慰，见者应复来游歌。名花闻之似解语，风前摇曳常娑娑。

金莲花虽然名头较大，但在野外并不起眼，历史上留下金莲花形象的画作也不多，到了清代中期有一些画家开始描绘金莲花，给我们留下了古人对金莲花欣赏的历史记忆。

对于这种单株体量不大的野生花卉，可能见到它们的一般“俗人”很难注意到它们的存在，或者说不会去主动欣赏，而会欣赏、吟咏的古代文人群体则很难有机缘来到它们身边。这时候身处塞外的皇帝和宫廷画家，无疑就具有便利条件近距离观赏它们。

元代画师潘子华在上都作画，主要以该地区特有的新鲜题材取胜，大多内容是之前的人所没有见过的。翰林学士危素在《赠潘子华序》中赞扬他在绘画题材创新方面前无古人，其中潘子华绘画题材就包括“金莲、紫菊、地椒、白翎爵（雀）、阿蓝”等，这些东西都是居庸以南所未尝有的“动植之物”。吴当为潘子华所画花鸟题诗，有“潘侯妙笔留神都，金莲紫菊谁家无”之句，由此可见潘子华画了很多幅金莲，而当时很多人家里应都挂了此题材的画作，以至于吴当要感慨“谁家无”，可惜这些画作我们今天无缘得见。

清代的皇帝驾临避暑山庄、木兰围场行猎，在这个帝国“第二政治中心”有众大臣扈从。在此居留期间君臣们留下了很多诗词歌赋，也留下了众多的书画作品。由于当时在这里的文人和画家是能够亲眼见到这种独特花卉的，因此留存的作品中我们能看到很多关于金莲花的诗词，也能从水墨丹青中欣赏到金莲花的曼妙身影，就是这不起眼的小小一丛花，翠叶金英，菡萏敷彩，展示了这种花卉与众不同的个性。康熙皇帝非常喜欢塞外的花卉，随驾的大臣汪灏在其旅行笔记《随銮纪恩》中记载了八月份“遍川金莲花，时已开谢，苞皆结子”。这些近距离的观察和记载为金莲花绘画和文化流传奠定了重要基础（图 5-5）。

图 5-5

图 5-6

清代的乾隆皇帝非常喜爱金莲花，不仅留下了很多吟咏金莲花的诗作，他还曾专门绘制了一幅《金莲花图轴》，这幅作品是他传世作品中为数不多的花卉写生绘画（图 5-6）。此画轴为藏经纸本，墨笔画，画上钤有“写生”“干、隆”“笔端造化”，还钤有“古希天子”“太上皇帝”“八徵耄念之宝”“欢喜园”“游六艺圃”以及“石渠宝笈所藏”等玺印，可见他确实是名副其实的“盖印狂人”。

图 5-5　清代扈从臣子可近距离观赏金莲花
图 5-6　清帝御笔描绘金莲花

画面上还有乾隆皇帝自题的金莲花诗："金莲花发映阶新，着雨清妍不染尘。此是祇陀园里地，故应长者布来匀。"诗下的小注"香山金莲花盛开，玩芳得句，兼为写生。甲寅清和月（清和月，阴历四月的别称）下浣（阴历每月21～30日）之三日制于来青轩。"在香山金莲花开的时候，他流连于御苑之中，面对这种美丽的花卉，禁不住诗兴和画兴大发。图中的题诗见于《清高宗御制诗文全集》之《御制诗二集》，此诗作于清乾隆十七年（1752年）初夏，他当时42岁，正是年富力强的年龄，这首诗也是目前所知乾隆皇帝最早以"金莲花"为题的诗歌作品。而此画绘制于清乾隆五十九年（1794年）香山静宜园的来青轩，其时乾隆皇帝已经84岁高龄了，可见这是当时新绘的画，配上以前自己所做的诗文，此时的赏花和绘画必然是有了新的感悟。

乾隆皇帝这一幅描绘金莲花的绘画作品，较为传神地展现了金莲花的典型特征，为这种充满自然野趣的野生花卉留下了丹青墨影，也使它的历史与文化内涵更加丰富（图5-7）。

蒋廷锡是清朝康熙、雍正年间著名的花鸟画家。作为朝廷的官员，他扈从皇帝出塞外，画了很多塞外主题的绘画，其中有很多植物主题的绘画作品，画中栩栩如生的植物形象，为我们研究清代皇家园林、历史地理和植物学留下重要的历史资料。蒋廷锡绘制的《塞外花卉图卷》，画中有很多种野生花卉，其中就有金莲花，画中山石旁一株金莲花正在盛放，花朵上两只蝴蝶翩翩起舞，金莲花的形象美丽而真实（图5-8）。

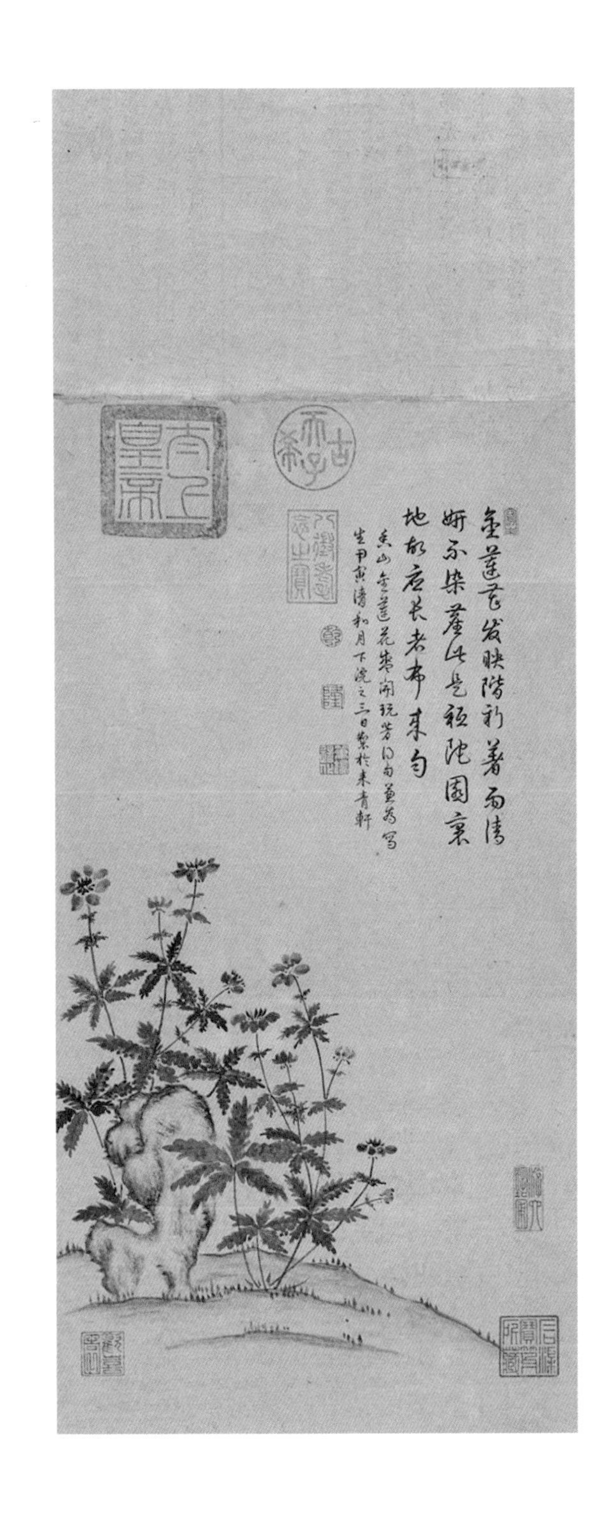

图 5-7　乾隆皇帝《御笔金莲花图》

图 5-8　清代蒋廷锡《塞外花卉图卷》中的金莲花（第一行左起第一幅）

图 5-9

图 5-10

蒋廷锡之子蒋溥曾经画过金莲花，乾隆皇帝曾经写过《题蒋溥画金莲花即用其韵》的题画诗，但现在蒋溥所绘的金莲花图并没有见到实物。还有其他人也曾画过金莲花（图 5-9）。

清代余省《海西集卉》册描绘了八种清宫所植域外观赏植物，主要包括法语名音译以及植物形态特征。其中有一种镂金英，应该是现在所称的花毛茛，也称为陆莲花，在清代是作为相似金莲花的一种域外植物（图 5-10）。

图 5-9　清人笔下的金莲花图（图片来源：中国台湾地区“故宫博物院”藏）
图 5-10　清代余省《海西集卉》中所称为镂金英（陆莲花）的花卉

3 故事

金莲花这个名字，在古代并不特指我们现在所称的这种金莲花，这跟文献中的许多植物一样，都遭遇了名实不相符的境况。关于金莲花的故事很自然也出现张冠李戴的现象，因为它们都有类似的寓意，人们根本就不愿意主动去了解分类角度的植物辨识方法。金莲花的故事很多，由于存在异物同名的现象，广义上金莲花成为一种有故事的植物，但是无法分清楚有关它的故事是真还是假。不同时代，不同地区都有关于金莲花的故事出现。

传说金莲花本来生活在王母娘娘瑶池之中，后来下界有妖精兴风作怪，凡间百姓苦不堪言，虔心祈祷上天能够降服此妖怪。王母娘娘被凡间百姓的诚心所感动，于是派遣身边的仙童降下金莲，帮助下界的百姓制服了作乱的海中鲤鱼精和鲶鱼怪，世间又恢复了往昔的宁静。而被王母娘娘降下的金莲也因此留在了下界，成为人间的一道美景。

在山西五台山地区，关于金莲花，还流传着一个非常凄美的爱情故事：古时候有位姑娘，住在偏僻的山村里，村里的人喝水很困难，姑娘于是四处奔波，只为能够找到可以饮用的水。一天早晨，她来到一条河边，忽然水里有一个声音跟她说："你的眼睛真美啊！"姑娘仔细一看，原来是河里有一条美丽的大鱼正在盯着她看，那条鱼的鳞片像天空那么蓝，眼神清澈，声音也非常好听。这条鱼对善良的姑娘说："你让我好好看一下你的眼睛，我就可以给你一罐水。"于是，姑娘每天都来到河边和鱼相会，跟这条鱼聊天，她感到非常快乐，这条鱼也一直履行着他的承诺，每天都让姑娘带回去一罐水。时间一长，家里人开始追问水的来历，姑娘也只是笑而不答。过了一段时间，姑娘发现自己竟然爱上了这条鱼，鱼也希望姑娘能够做他的妻子，于是鱼从河里出来，幻化成人形与姑娘结为夫妻。一天，村里人看见他们人鱼相会的情景，以为鱼对姑娘施了妖法，就把姑娘关起来，拿着刀叉、长枪来到河边。就在鱼出现的那一刻，村里人杀死了鱼。当村里人把鱼的尸体扔到姑娘脚下，她的心碎了，抱起冰冷的鱼，向着河中心慢慢走去……后来，他们的子女在水中繁衍，幻化成金色莲花。这个故事的主体其实还是水中的金莲花。

在其他的神话故事中，金色莲花往往具有神秘的功效，也会有很多非凡的功能。在宋人撰写的《太平广记·神仙卷》里有关于金色莲花的故事，“又有金莲花，洲人研之如泥，以间彩绘，光辉焕烂，与真无异，但不能拒火而已。”金莲花成为具有特殊功效的植物，传说中金色莲花可以抵御火的侵袭，而在一个地区所产的金莲花研磨碎了后成泥状，用来做彩画，非常的光彩照人，但缺点就是不能抵御大火。

清人汪寄所著的小说《海国春秋》，讲述了周末宋初，韩通、闾丘仲卿二位后周旧臣在海国建功立业五十年，而两宋兴衰已三百年的故事。故事中有一金莲岛，岛上所产的金莲花瓣非常大，甚至可以做舟船：“臣前巡至金莲岛，见本年所产金莲花异常茂盛，往时止于千余朵，今岁有数千朵。其花一茎或三座或两座，每座十二瓣，每瓣长五六尺，宽二三尺；长七八尺，宽五六尺不等。岛人用以为舟，一人乘坐有余，入水不濡，风涛愈大，浮泛愈稳，随波上下，从无失误。且瓣性遇软则柔，遇硬则坚，可为甲片，刀矢莫能入。”

明代刘侗《帝京景物略》中也记载了金莲花的故事：“仁和郎公瑛、秀水李公日华所记礼部仪制司，有优钵罗花焉，金莲花也，开必自四月八日，至冬而实，如鬼莲蓬，脱去其衣，中金色佛一尊者，核也。花不知何人植之，而奇以其花。今其种不存，亦不更传。然唐岑嘉州有优钵罗花歌[①]，则是花东渡久矣。”这种被称为金莲花的植物，四月八日开花，冬天结实，果核像金色佛像，确实较为神奇。说是名为优钵罗花，但在佛教里优钵罗花为青色莲花，目前尚不知此处所指为何种植物，需要结合其他史料进行研究来确定其种类。

① 指唐代诗人岑参创作的一首杂言古诗

4

健康

药用

金莲花是塞外一种著名的花卉，很早人们就认识到它的药用价值。这种美丽的野生花卉盛开于6至8月间，花开时一望无际的塞外原野上遍地金色。这种美丽的花卉不仅以金黄璀璨夺人眼目，花开时节采下其花，晾干后还可供药用，具有清热解毒的功效，可以治疗扁桃体炎和中耳炎等多种疾病。金莲花作为药用植物最早记载于清代赵学敏所著《本草纲目拾遗》，谓其“味苦，性寒，无毒”，可“治口疮，喉肿，浮热牙宣，耳疼，目痛”，具有“明目，解岚瘴”等功效。而现代研究则表明：金莲花中含有生物碱、树脂、黄酮甙、香豆素及其甙、挥发油、鞣质及多种甾醇类化合物，是抗菌消炎的良好药物，可以发挥很好的医疗作用。目前已经开发了很多金莲花为主的药物，希望能更好地造福人类。

茶饮

古人认为金莲花可作为茶饮，能够起到滋阴润咽的作用。《本草纲目拾遗》中记载张寿庄云："五台山出金莲花，寺僧采摘干之，作礼物饷客，或入寺献茶，盏中辄浮一二朵，如南人之茶菊然，云食之益人。"清代乾隆皇帝随侍大臣查慎行在《人海记·旱金莲花》中记载："旱金莲花出五台山，瓣如池莲较小，色如真金，曝干可致远，初友从山西归，有分饷者以点茶，一瓯置一朵，花开沸汤中，新鲜可爱，后扈从出古北口外，塞山多有之，开花在五六月间，一入秋茎株俱萎矣。"每个杯子中一朵花，这种茶饮美丽又有情调，又写有诗："难凭本草考稀苓，异卉奇葩眼未经。满地根株移不得，金莲垂实菌收钉。"

金莲花茶属于如今较为流行的花茶类茶饮，具有一定的健康功能，被称为"塞外龙井"，但是要注意并不是所有人都适合喝金莲花茶，肠胃不适、消化功能差的人群要禁忌，即便是不属于禁忌人群也不能大量饮用。

食用

历史文献中还有记载金莲花可食，古人认为这种冠以"金莲花"的植物是较好的食材。但是从目前研究和相关历史考证看，应该不是本书中所说的金莲花，如明代高濂《遵生八笺》中提到"夏采叶梗浮水面，汤焯，姜、醋、油拌食之。"可以看出，这里的金莲花应不是我们所说的金莲花，而是荇菜类植物。

植物资源利用与资源保护

金莲花主要分布于我国山西、河南北部、河北、内蒙古东部、辽宁和吉林的西部，一般生长于海拔 1000 ~ 2200 米的山地草坡或疏林下，目前基本以野生状态存在（图 5-11、图 5-12）。

金莲花为人所熟知，并不是仅仅因它们具有很高的观赏价值，而是因为一些植物具有健康或是保健等方面的作用，在现实中往往被夸大宣传，比如说金莲花具有一定的保健作用，成熟的花朵采摘后可制成金莲花茶，长期饮用会有保健作用。这本来无可厚非，但在现实生活中为了追求商业的价值，却被宣传成可以起到某种特殊疗效。这类植物虽然有一定的保健作用，但是在有些商家口里就变成了必不可少的饮品。有一些自己能够就近接触到金莲花的人会去野外采摘挖掘金莲花，掠夺式的过度采集资源会造成植物资源迅速枯竭，生态系统变化逐渐失去平衡。长此以往，这种美丽的植物将会只留存在书画和照片之中。

此外，大量的挖掘野生植物还会造成水土流失，植物种质资源破坏。因此不应该在野外挖掘野生花卉，再说这么漂亮的植物还是让他们在自然界中静静地绽放就好。

金莲花的人工栽培目前还达不到一定规模，在我们生活中，无论是金莲花茶还是其他植物制品，很多都是来自自然资源。大量挖掘采摘金莲花势必会造成植物资源的破坏，甚至造成水土流失，相对于丰富多彩的茶叶饮品来说，这种生产茶饮的做法算是得不偿失。

图 5-11　野外自然生长的金莲花

图 5-12　金莲花生长的草甸环境

图8-12

科学认识野生植物的价值

野生植物资源具有重要的科学和生态价值，野生植物资源不仅为人类提供生产和生活资料，提供科学研究的依据和培育新品种的种源，而且是维持生态平衡的重要组成部分。但这些植物的健康和保健作用需要科学地认识。保护好植物资源，才能守护好绿水青山，留给子孙后代“金山银山”（图 5-13）。

对于野生植物资源的利用，首先不能直接粗暴地以挖掘野生资源来简单利用，如近些年为盈利目的挖掘兴安杜鹃（干枝杜鹃），造成资源的极大破坏，正确的利用方法：第一，是加强植物育种方面的研究，逐渐使之园艺化，在此基础上实施规模化生产，这样有利于保护资源；第二，加强植物价值和利用方式相关研究，科学地认识植物的价值，而不能人云亦云、不假思索地利用；第三，要加强科普宣传，科学认识植物的保健作用，不夸大；第四，要不断加强野生植物资源保护的相关法制建设。

图 5-13　保护野生植物资源，守护绿水青山

参考文献

1. 陈从周．中国园林鉴赏辞典 [M]．上海：华东师范大学出版社，2001．

2. 刘晓明．中国古代园林史 [M]．薛晓飞．北京：中国林业出版社，2017．

3. 杨亮．元代扈从纪行诗新探 [J]．江苏大学学报：社会科学版，2015．3（17）：27–34．

4. 肖秋玲．谈避暑山庄之“金莲映日”的植物景观 [J]．园林科技，2001，4：39–40．

5. 洪钧寿．余香满山金莲花 [J]．园林，2006，7：56–56．

6. 陈赓锁．佛的象征——五台山金莲花 [J]．五台山研究，2002，2：43–44．

7. 关文灵．云南奇葩——地涌金莲 [J]．花木盆景：花卉园艺，2001.05（a）：49–49．

8. 洪钧寿．韬光禅师种金莲 [J]．园林，2005，9：45–45．

9. 马勋．千年古莲开新花 [J]．中国花卉盆景，2003．7：6–6．

10. 陈雪香．山东日照两处新石器时代遗址浮选土样结果分析 [J]．南方文，2007．1：92–94．

11. 撷芳主人．大明衣冠图志．Q 版 [M]．北京：北京大学出版社，2016．

12. 王振莲．古莲的研究现状．赵琦，李承森，潘宁，刘爽．首都师范大学学报：自然科学版，2005.2（26）：55–58．

13. （清）爱新觉罗·弘历．御制诗文全集 [M]．北京：中国人民大学出版社，2013．

图书在版编目（CIP）数据

映日金莲／张宝鑫编著．—北京：中国建筑工业出版社，2019.12

ISBN 978-7-112-24700-4

Ⅰ．①映… Ⅱ．①张… Ⅲ．①金莲花－文化研究 Ⅳ．①Q949.746.5

中国版本图书馆CIP数据核字（2020）第022141号

责任编辑：杜　洁　王　磊
责任校对：芦欣甜
书籍设计：韩蒙恩

映日金莲
中国园林博物馆　编著
张宝鑫
*
中国建筑工业出版社出版、发行（北京海淀三里河路9号）
各地新华书店、建筑书店经销
北京锋尚制版有限公司制版
北京富诚彩色印刷有限公司印刷
*
开本：880×1230毫米　1/32　印张：6　字数：155千字
2020年1月第一版　　2020年1月第一次印刷
定价：58.00元
ISBN 978-7-112-24700-4
（34944）